Die Schlacht um Europas Gasmarkt

Oleg Nikiforov
Gunter-E. Hackemesser

Die Schlacht um Europas Gasmarkt

Geopolitische, wirtschaftliche
und technische Hintergründe

Oleg Nikiforov
Berlin
Deutschland

Gunter-E. Hackemesser
Bernau
Deutschland

ISBN 978-3-658-22154-6   ISBN 978-3-658-22155-3 (eBook)
https://doi.org/10.1007/978-3-658-22155-3

Die Deutsche Nationalbibliothek verzeichnet diese Publikation in der Deutschen Nationalbibliografie; detaillierte bibliografische Daten sind im Internet über http:// dnb.d-nb.de abrufbar.

Illustrationen: Michail Mitin

Springer ist ein Imprint der eingetragenen Gesellschaft Springer Fachmedien Wiesbaden GmbH und ist ein Teil von Springer Nature.
Die Anschrift der Gesellschaft ist: Abraham-Lincoln-Str. 46, 65189 Wiesbaden, Germany

Inhaltsverzeichnis

1

Wie viel Gas braucht Europa?

Um diese Frage zu beantworten, ist die Kenntnis der Struktur des Energieverbrauchs eine der wichtigsten Voraussetzungen. Dazu ist in erster Linie die Europäische Union von Interesse, weil sie den Hauptanteil des Gasverbrauchs ausmacht. Nach Meinung der Experten des Moskauer Europainstituts der Russischen Akademie der Wissenschaften wird die Energiepolitik der EU-Länder immer mehr durch die Ökonomie des Verbrauchs von Gas bestimmt, der nach ihrer Meinung ständig ansteigt (Chaitun 2013, S. 12). Obwohl die Bedürfnisse der europäischen Industrie eigentlich relativ stabil sind, gibt es dazu unterschiedliche Daten. Unter den Wissenschaftlern in Russland ist zum Beispiel die Meinung verbreitet, dass der Energieverbrauch in Europa jedes Jahr um 1,2 % wächst. Diese These bestätigt die Internationale Energieagentur (IEA).

© Springer Fachmedien Wiesbaden GmbH,
ein Teil von Springer Nature 2018
O. Nikiforov, G.-E. Hackemesser, *Die Schlacht um Europas Gasmarkt*,
https://doi.org/10.1007/978-3-658-22155-3_1

Nach ihren Angaben ist der Verbrauch von 1990 bis 2008 in Europa (EU 27) bis auf 7 % gewachsen. Zwar betrifft das die Jahre vor der Weltwirtschaftskrise 2009, doch nach Angaben von World Energy Outlook 2016, wird sich in Zukunft in großen Teilen Europas die Energienachfrage mit stagnierendem Verbrauch noch dramatischer ändern. Die Frage zur Entwicklung der Gasmenge kann aus diesen Gründen nur mit Vorbehalt beantwortet werden, weil für die mittlere und ferne Zukunft äußerst zahlreiche unterschiedliche Bedingungen ihr Niveau in Europa bestimmen. In einer Studie des Zentrums für energetische Forschungen des Moskauer Instituts der Weltwirtschaft und internationale Beziehungen der Russischen Akademie der Wissenschaften, die Ende 2017 auf dem Forum „Erdöl-und Erdgas Dialog" präsentiert wurde, stellte der Leiter des Zentrums, Stanislaw Shukow, fest, dass die Entwicklung in der Erdöl- und Erdgasbranche nur schwer langfristig vorausgesagt werden kann, weil die Zukunft von vielen unterschiedlichsten Faktoren bestimmt wird.[1] In erster Linie ist dafür natürlich die allgemeine wirtschaftliche Entwicklung entscheidend. So schreibt die *Wirtschaftswoche*, dass der internationale Währungsfond (IWF) den großen Industrie- und Schwellenländern gewisse Fortschritte bei der Schaffung eines kräftigeren, nach-haltigen und ausgewogenen Wachstums bescheinigt. Allerdings bleibe noch Luft nach oben, wie es in dem am 06.10.2017 veröffentlichten Bericht des IWF zu den 20 wichtigsten Industrie- und Schwellenländern (G20) dieses Bereichs zu lesen ist. So sei es gelungen,

---

[1] https://www.imemo.ru/index.php?page_id=525

das Wachstum weiter zu beschleunigen. Trotzdem ist die Nachfrage nach Erdgas nicht in allen Industrieländern gleich hoch, was sich wiederum in oftmals nur geringen Fortschritten bei der Produktivität zeige. Dieses Ungleichgewicht ist deshalb ein großes Risiko. Die ungenügenden Bemühungen um mehr Ausgewogenheit in der Weltwirtschaft widerspiegeln sich wiederum in anhaltend übermäßigen Defiziten, aber auch in Überschüssen im Außenhandel und in nach wie vor hohen staatlichen und privaten Verschuldungen in vielen G20-Ländern. Der IWF glaubt, dass bereits 2018 das Wachstum um 0,3 Prozentpunkte höher ausfallen könnte. Mittel- und langfristig wären die Vorteile noch weit gravierender. Bei Beachtung dieser Vorgaben könnte es bis 2028 einen noch größeren Zuwachs ergeben. Grundsätzlich gelte darüber hinaus, dass das gemeinsame und abgestimmte Handeln in der G20 erheblich größere Vorteile bringen würde, als Alleingänge auf nationaler Ebene.[2]

Das Institut für Energiestrategie, eines der führenden wissenschaftlichen Einrichtungen Russlands, hat 2010 die Strategie des Landes in diesem Bereich bis zum Jahre 2030 veröffentlicht. Bei der Analyse der Weltwirtschaft von 1980 bis 2014 schreiben die russischen Wissenschaftler, dass die Prognosen aus den Vorkrisenjahren 2007 bis 2008 zu optimistisch waren, weil hier ganz besonders spezifische Wirtschaftsmodelle benutzt wurden.[3] Sicher ist, dass sich

---

[2] http://www.wiwo.de/politik/ausland/wachstumsstaerkung-iwf-sieht-beig20

[3] Russische Energetik: Der Einblick in die Zukunft/Institut Energiestrategie Moskau, S. 45–50.

die Weltwirtschaft bei gleichzeitig steigendem Energieverbrauch zyklisch entwickelt und somit den Gasverbrauch in Europa entsprechend beeinflusst. In der Studie des Instituts wird dargestellt, dass gerade diese Wirtschaftskrise 2008 bis 2010 die Dynamik der Entwicklung der Weltenergetik entscheidend beeinflusste. So betrug der Gasverbrauch nach BP.com in der Europäischen Union in den Krisenjahren 2009 – 462,8 Mrd., 2010 – 497 Mrd., 2011 – 449 Mrd., 2012 – 438,6 Mrd. und 2013 – 431,2 Mrd. Kubikmeter. Über 490 Mrd. waren es dagegen 2006 im Vergleich zu den Vorkrisenjahren. Als Ausnahme gilt nur 2010 mit seinen härteren Winterbedingungen, denn schon Anfang des Jahres wurde das Klima in den meisten Ländern Europas durch eine strenge, fast sibirische Kälte beeinflusst. In Norwegen, Deutschland, Rumänien und in Lettland erreichten die Temperaturen ein Rekordtief. Dementsprechend stieg natürlich auch der Gasverbrauch an. In Deutschland wurden in den Küstenregionen sogar zum ersten Mal seit 25 Jahren Eisbrecher eingesetzt.[4]

Auch in den folgenden Jahren zeigten die klimatischen Bedingungen entsprechende Auswirkungen. Wie der Europäische Verband der Gaswirtschaft, Eurogas, mitteilte, lag beispielsweise der Erdgasverbrauch 2015 gegenüber dem Vorjahr mit 426,3 Mrd. Kubikmetern um 4 % höher. Grund für die Steigerung sei auch hier das Wetter gewesen. Vor allem in Deutschland erhielten deshalb viele Haushalte neue moderne Gasheizungen. Wie die Deutsche Welle am

---

[4] http://www.energystrategy.ru/; http://www.meteoinfo.ru/news/1-2009-10-01; http://www.meteoinfo.ru/news/1-2009-10-01-09-03-06/4679-16022012-09-03-06/4679-16022012

11. Februar 2018 in russischer Sprache berichtete, wurden laut den Angaben des Bundesverbandes für Energie und Wasserwirtschaft (BDEW) im Jahre 2017 49,4 Prozent der deutschen Haushalte mit Gas beheizt. Auch in der Tschechischen Republik, in Frankreich und in der Slowakei führte eine wachsende Wirtschaft zu steigendem Gasverbrauch. Dabei entwickelte sich der Einsatz von Gas im Energiesektor in den einzelnen Ländern äußerst unterschiedlich. So stieg er in Großbritannien allein schon aufgrund der niedrigen Preise, während in Italien und in Griechenland wegen der Hitze der allgemeine Kältebedarf mehr Gas erforderte und in Finnland höhere Steuern den Verbrauch senkten. In Irland, Deutschland und in den Niederlanden dagegen wurde in der Stromerzeugung verstärkt Kohle eingesetzt. Den größten Zuwachs beim Import verzeichnete jedoch verflüssigtes Erdgas. In den Niederlanden wurde 2015 beispielsweise die doppelte Menge gegenüber dem Vorjahr verbraucht und in Italien wuchs der Erdgasimport sogar um ein Drittel.[5] Heute beobachten wir eine ganz andere Entwicklung, die in erster Linie mit dem Weg der Weltwirtschaft aus der Krise verbunden ist. So erhöhte sich der Gasverbrauch nach den Angaben der IEA in den europäischen OECD-Ländern 2016 im Vergleich zu 2015 um 6,8 Prozent und betrug 501,5 Mrd. Kubikmeter.[6]

Immer mehr Studien erklären das Wachstum des Energieverbrauchs durch den Klimawandel. Steigende Temperaturen werden deshalb den Elektrizitätsverbrauch in Europa

---

[5] http://www.energate-messenger.de/news/163510/gasverbrauch-ineuropa-steigt

[6] http://riarating.ru/countries/20170608/630064764.html; http://www.ng.ru/economics/2016-12-26/16895Gazprom.html

grundlegend verändern. Wie sich der ungebremste Klimawandel auf den europäischen Bedarf auswirkt, hat ein Wis-
senschaftlerteam aus Deutschland und den USA untersucht:
Die Tagesspitzenlast steigt demnach in Südeuropa u. a. zum
Beispiel aufgrund des zunehmenden Gebrauchs von Klima-
anlagen, wobei sich der Gesamtbedarf künftig vom Norden
in den Süden verlagert. Zudem wird die jährliche Hauptbe-
lastung in einem Großteil der Länder im Sommer statt im
Winter auftreten. Das bringt natürlich zusätzliche Anforderungen an Europas Versorgungsnetze, wie eine jetzt im
renommierten US-Fachjournal *Proceedings of the National
Academy of Science* (PNAS) veröffentlichte Studie nahelegt.
Es handelt sich hier um die erste Untersuchung, die stünd-
liche Beobachtungsdaten zur Elektrizität aus dem zum
weltgrößten synchronen Elektrizitätsnetz verbundenen
europäischen Ländern untersucht, um abzuschätzen, wie
sich der Klimawandel auf Spitzenlasten und den Stromver-
brauch insgesamt auswirkt. Im Ergebnis wird sichtbar, dass
sich der gesamte Bedarf in Europa von Ländern wie Schweden oder Norwegen nach Portugal oder Spanien verlagern
wird. Gleichzeitig verschiebt sich die jährliche Spitzenlast
vom Winter auf den Sommer. Während sich frühere Forschungen über die Verbindung von Temperatur und Elek-
trizitätsnutzung noch vorrangig auf die USA oder einzelne
Länder in Europa konzentrierten, zeigen neuere Untersuchungen, dass vor allem durch Veränderungen in der Spit-
zenbelastungszeit die Folgen überall gravierend und kost-
spielig sein können. Sie legen damit den Fokus auf ohnehin
schon sehr beanspruchte Zeiten, in den die Elektrizitäts-
netze bereits voll ausgelastet sind. Zwar zeigt die Studie

auch, dass der Klimawandel unter dem Strich nicht mehr und nicht weniger Elektrizitätsbedarf in Europa verursacht. Die räumliche und zeitliche Verlagerung des Verbrauchs wird aber insgesamt zu einer fundamentalen Herausforderung für Europa.[7]

Allgemein wächst die Auffassung, dass die Energiewende den größten Einfluss auf die Senkung des Gasverbrauchs in der EU einnimmt. So wird die Umstellung der Energieerzeugung in Deutschland auf sogenannte erneuerbare Quellen wie Sonne, Windkraftparks, Wasserkraftwerke und Geothermie-Anlagen hauptsächlich den Gesamtenergieverbrauch und damit auch den allgemeinen Gasbedarf beeinflussen. Gerade in Deutschland gibt es heute aber auch zahlreiche Studien, die die Rolle von Erdgas in der Energieversorgung im Land und in ganz Europa mehr oder weniger in Zweifel ziehen. Zu ihnen gehört das 2017 erschienene Buch *Das fossile Imperium schlägt zurück* (Murmann Publishers GmbH, Hamburg) der renommierten deutschen Wissenschaftlerin für Energie-und Klimaökonomie des DIW Berlin, Claudia Kemfert. Der Untertitel „Warum wir die Energiewende jetzt verteidigen müssen" sagt bereits aus, was die Wissenschaftlerin betonen will. Ganz sicher ist, dass für die Energiewende als Gebot ausschließlich erneuerbarer Energiequellen, heute noch viele Hürden zu überwinden sind. In erster Linie muss die verstärkte Nutzung von Sonne und Wind als Energiequellen ihre Wirtschaftlichkeit und technischen Möglichkeiten in der Marktwirtschaft beweisen, trotz der gegenwärtig noch unzureichenden

---

[7] http://www.ng.ru/economics/2016-12-26/1_6895_gasprom.html

Energiespeicher, ungenügenden Gesamtkapazitäten, Netz-
problemen und fehlenden Reformen in der bisher noch
weitgehend zentralisierten Energieversorgung, die dazu
dezentralisiert sein müsste. Täglich gibt es oft unterschiedliche Daten über diese Entwicklung, die den wenig vorberei-
teten Bürger natürlich oft auch sehr beeindrucken können.
So sah die Deutsche Welle zum Beispiel in ihrem Bericht
„Wind und Sonne statt Gas: grüne Energetik in Deutschland" das Ende des Gasverbrauchs in Deutschland schon
in überschaubarer Zukunft. Demnach sollen mindestens
80 % der deutschen Elektroenergie auf der Basis erneuerbarer Energiequellen produziert werden.

Schon heute wird die Nachricht über den Verzicht auf die
Atomenergie in Deutschland als Teil der Energiewende von
Gazprom ausgenutzt, wie Florian Willershausen im *Handelsblatt* vom 13. Juni 2011 schreibt, um den Bau von Gas-
kraftwerken einzuleiten und den zusätzlichen Import von
Gas zu stimulieren (Abb. 1.1). Die *Nesawissimaja Gaseta*
kommt im Artikel ihres Korrespondenten Anatolij Komra-
kow von 11. Januar 2018 zum Schluss, dass die Zunahme
erneuerbarer Energiequellen wahrscheinlich den Gasverbrauch in Europa kaum senken könnte, was der in diesem
Zusammenhang befragte Experte der russischen Stiftung
für Energiesicherheit, Alexander Perow, bestätigte.[8]

Zum Hauptverlierer der „grünen" Energie wird vor allem
die Kohle, die ja als besonders schmutziger Energieträger
für die Ökologie und Klimabeeinflussung gilt. Alexander

---

[8] http://www.ng.ru/economics/2018-01-11/4_7148_export.html

Abb. 1.1   Herkömmliche Stromgewinnung – Heizkraftwerk in Berlin-Wilmersdorf. (Quelle: Oleg Nikiforov)

Perow meint, dass fluktative alternative Energiequellen, wie die Sonne und der Wind, durch traditionelle Energielieferanten abgesichert werden müssen. Nach der Meinung von Wjatscheslaw Kulagin aus dem Institut für Energetische Forschungen der Akademie der Wissenschaften Russlands besteht die langfristige Strategie Europas besonders darin, in erster Linie die Energiebilanz vom Einsatz der Kohle unabhängig zu machen. Deswegen wird ihre Verwendung bis zum Jahr 2040 auf die Hälfte sinken. Atomkraftwerke und die Kohleverbrennung zu Energiezwecken werden dann seiner Meinung nach durch erneuerbare Energiequellen mit zirka 4 % Zuwachs im Jahr ersetzt. Auch das Niveau des Gasverbrauchs in Europa wird sich in der Perspektive 2035 bis 2040 stabilisieren. Gleichzeitig soll dann aufgrund der sinkenden eigenen europäischen Produktion der russische Gasexport wachsen.[9]

Gas wird nach Angaben der HSBC Holdings in Deutschland in den nächsten 5 Jahren ein Fünftel der benötigten Energie ausmachen. Dazu stellten Experten der Consultingfirma Wood Mackenzie fest, dass dann 40 % aller Lieferungen nach Deutschland aus Russland kommen werden. Gleichzeitig gibt es aber auch die Meinung der russischen Wissenschaftlerin Tatjana Mitrowa, Direktorin des Energetischen Zentrums der Moscow School of Management Skolkovo, die in einer Studie des Oxford Institute for Energy Studies behauptet, dass in diesem Zusammenhang besonders Biogas an Popularität gewinnt.[10] Sie betrachtet Biogas in Verbindung mit der Technologie Power-to-Gas als ein Verfahren, dass die gesamte Infrastruktur für die Gasleitungen in der Zukunft verändern wird, sobald das europäische Energiesystem die Kohle nicht mehr einsetzt. Ganz sicher ist, dass Biogas, trotz einer auf potenziell 50 Mrd. Kubikmeter geschätzten möglichen Produktion in Europa, kein vollständiger Ersatz für Naturgas sein wird. Diese Menge wäre etwa die Hälfte des voraus berechneten Abbaus von Naturgas in Europa in der Zukunft. Besonders bei vielen Anhängern der Grünen Revolution gibt es aber Zweifel an der fehlenden klimaschädlichen Wirkung von Naturgas.

---

[9] https://www.erias.ru/files/gazovyy_rynok_europy.pdf.

[10] https://www.oxfordenergy.org/wpcms/wp-content/uploads/2017/06/Biogas-A-significant-contribution-to-decarbonising-gas-markets.pdfc

Schon im Juli 2015 fand durch das Directorate-General for Energy und die Experten der griechischen Einrichtungen Exergia S.A. und E3M-Lab und der dänischen CO-WI A/S eine Untersuchung über die Treibhausgasemissionen unterschiedlicher Brennstoffe statt.[11]

Für diese Untersuchung wurde unter Berücksichtigung der Gesamtkette von Kraftstoffen – von der Bohrung bis zum Tanken in Europa – das kanadische Modell GHGenius mit dem Stand 2012 benutzt. Mit Prognosen für die Jahre 2020 bis 2030 und unter Berücksichtigung direkter als auch indirekter Emissionen wurde von Exergia eingeschätzt, dass Naturgas höhere Treibhausgasemissionen zur Folge hat, als Kerosin, Diesel und Benzin. Das zweifelten die europäischen Gasverbände jedoch an und führten eine Studie mit der deutschen Vereinigung Erdgas und den Unternehmen Gazprom, Uniper, Wintershall, E.ON, Shell, Statoil, Gasunie und WINGAS durch. Gazprom Germania bezeichnete in einer eigenen Studie die Exergia-Untersuchung als unkorrekt. Auch die Überprüfungen des Deutschen Gastechnologischen Institutes Freiburg (DBI) ergaben zu dieser Thematik um 48 % geringere Kohlenstoffspuren in den 2012 nach Zentraleuropa gelieferten russischen Gasproben. Nach den jährlichen Modernisierungen der Nord Stream Pipeline zeigten sich dann im Jahre 2015 im Vergleich mit diesen Angaben weitere Senkungen um 61 %. Am 1. März 2017 wurde die DBI-Studie über die Rolle von Naturgas als Energiequelle mit

---

[11] Study on actual GHG data for diesel, petrol, kerosene and natural gas ENER/C2/2013-643.

geringerem Anteil an Kohlenstoff vom Generaldirektorat der EU-Klimakommission dann bestätigt.[12] Trotz dieser Ergebnisse ist die Energiewende ohne noch größere Effizienz nicht denkbar. Eine präzise Einschätzung darüber wird aber auch zunehmend komplizierter, weil einige Mitgliedsländer unterschiedliche Strategien bei der Energieversorgung verfolgen, obwohl die Europäische Union seit Inkrafttreten des Vertrages von Lissabon im Jahre 2009 einen gemeinsamen expliziten energiepolitischen Gestaltungsauftrag beschlossen hat. Die Interessen der EU-Kommission kollidieren vor allem im Bereich des Energiemarktes. Einzelne Länder wollen auf die eigene Gestaltung des Energiemixes nicht verzichten und ihre energiepolitischen Strategien sind dementsprechend unterschiedlich. Dabei ist die Realisierung ihrer Vorhaben mit zahlreichen unbekannten Größen verbunden. Das schweizerische Programm „Die Gesellschaft 2000 Watt" liefert ein interessantes Beispiel für Energieeffizienz. Dieses Vorhaben hat die Senkung des Energieverbrauchs bis auf 2000 Watt im Jahr pro Person auf das Niveau von 1960 als Endziel. Dabei soll jeder Schweizer – trotz Senkung des Verbrauchs – alle überhaupt möglichen Zivilisationsvorteile voll nutzen können (Abb. 1.2 und 1.3), wobei die benötigte Energiemenge auf einem durchschnittlichen Niveau von 2000 Watt auf der Stufe des primären Energieträgers dem Jahresbedarf von 17.520 Kilowattstunden pro Person entspricht.[13] In den USA dagegen, ist der Verbrauch heute 5-mal höher und

---

[12] https://zukunft.erdgas.info/news/artikel/klimavorteil-von-erdgas-fachstudie-widerlegt-aussagen-der-europaeischen-kommission

[13] www.nng.ru/ng_energiya/2017-09-12/12_7071_swiss.html

Abb. 1.2   Alternative oder Ergänzung: Preiswerte Energie von der Sonne. (Quelle: Oleg Nikiforov)

in Indien 4-mal niedriger. Mit Sicherheit bedeutet so eine Umstellung unter anderem die totale Änderung der Baunormen, Materialen, der Art und Weise des Energieverbrauchs sowie der allgemeinen Versorgung.

Alle diese Maßnahmen sollen in der Schweiz bis zum Jahr 2050 realisiert werden. In diesem Zusammenhang wurden für eine sichere Prognose des künftigen Gasverbrauchs, drei der bekanntesten aktuellen Branchenvorhersagen untersucht. Es geht dabei um Bewertungen des internationalen Gasverbandes Cedigaz, um BP und um das Moskauer Institut für Energieforschung. Alle drei Institutionen gehen davon aus, dass sich die neue Realität nicht wesentlich von der alten unterscheidet. So stellen sie unter

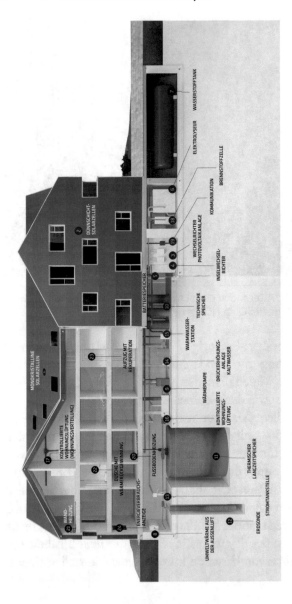

Abb. 1.3 Sonnenenergie versorgt Schweizer Haus: Ohne Verzicht auf Vorteile der Zivilisation. (Quelle: Umwelt Arena AG)

anderem fest, dass Kohlenwasserstoffe auch mittelfristig zur wichtigsten Grundlage des Weltenergieverbrauchs gehören werden, obwohl durch die allgemeine Politik in den Industrieländern versucht wird, die Abhängigkeit von ihnen zu senken und die Energieeffizienz zu erhöhen. Dabei wird erwartet, dass die Nachfrage nach Erdgas als ökologisch relevanter Brennstoff außerhalb von Europa stabil wächst, denn hier wurde die Spitze des Bedarfes offensichtlich schon erreicht. Als Fazit ist jedoch festzustellen, dass die europäischen Länder auf dem Wege zu einer umweltfreundlichen Energie- und Klimapolitik ohne Kohlenwasserstoffe mindestens bis zum Jahr 2050 Erdgas brauchen werden. Wladimir Drebentsow, Hauptökonom von BP für Russland und die GUS-Länder behauptet sogar, dass der Europabedarf bis 2035 zwischen 300 und 500 Mrd. Kubikmetern schwanken wird. Das alles wird aber vom Tempo der Realisierung des Programms für den Übergang zu alternativen Energiequellen, den klimatischen Änderungen und dem Zeitpunkt der Erschöpfung eigener Gasvorräte in Europa abhängen.[14]

Literatur

A. D. Chaitun (2013) Russland auf dem europäischen Energiemarkt, Moskau

Claudia Kemfert (2017) Das fossile Imperium schlägt zurück, Murmann Publishers GmbH, Hamburg

Florian Willershausen, „Handelsblatt", 13. Juni 2011

Nesawissimaja Gaseta, 11. Januar 2018

---

[14] IMEMO Erdöl- und Erdgasdialog 14.01.2017.

2

Streit um Ökoenergie?

Heute bekommen die Staaten der Europäischen Union Gas aus mehreren Ländern, da die eigenen Quellen nicht ausreichen, um den Bedarf zu decken. Nach russischen Daten (Insider.pro) gehörten 2016 Gazprom/Russland (34 %), Norwegen (24 %), Algerien (11 %) und LNG-Kontingente (13 %) zu den EU-Hauptlieferanten. Aus eigenen Aufkommen werden nur etwa 17 % des Bedarfs gedeckt. Das grundsätzliche Problem besteht jedoch darin, das Europas Erdgasressourcen schon fast ausgeschöpft sind. Großbritannien und die Niederlande produzieren gemeinsam so viel Erdgas, wie das Nicht-EU-Mitglied Norwegen. In der gesamten Europäischen Union werden nur etwa 160 Mrd. Kubikmeter Erdgas gewonnen. Allein die in Russland geförderte Menge war zuletzt über 4-mal so groß! Während Russland sein Gasaufkommen nach einer

© Springer Fachmedien Wiesbaden GmbH,
ein Teil von Springer Nature 2018
O. Nikiforov, G.-E. Hackemesser, *Die Schlacht um Europas Gasmarkt*,
https://doi.org/10.1007/978-3-658-22155-3_2

Prognose der Internationalen Energieagentur (IEA) bis 2030 noch deutlich steigern kann, gehen die Vorräte in der Nordsee langsam zur Neige. Nur noch 99 Mrd. Kubikmeter werden die EU-Länder laut IEA-Annahmen bis zum Jahr 2030 fördern können. Nach Statistiken der IEA sind in der Europäischen Union allein die Niederlande und Dänemark Erdgasselbstversorger, die 174 beziehungsweise 164 % des eigenen Bedarfs produzieren. Mehr als 90 % der dänischen Gasproduktion stammen aus dem Tyra-Feld im dänischen Sektor der Nordsee, das auch als Exportzentrale des Landes dient. Die Position der dänischen Regierung ist typisch für die Realisierung der Programme für die Energiewende in den EU-Ländern. So schreibt die regionale Zeitung *Shuevisen*/Schleswig-Holstein in ihrer Märzausgabe 2017, dass sich die Regierung mit mehreren Öl- und Gasunternehmen über die Zukunft des etwa 200 km vor der dänischen Küste gelegenen Gasfelds Tyra einig ist. Obwohl – wie die Zeitung betont – der Greenpeace-Nordic-Generalsekretär Mads Flarup Christensen es für bedenklich hält, „dass die Regierung mit einer soliden Mehrheit und einem Hilfspaket für Mærsk nun dazu beiträgt, die Lebenszeit von Öl und Gas zu verlängern, statt in die Energiewende zu investieren." Die Umweltorganisation kritisiert dabei die in Aussicht gestellten Steuererleichterungen für die Ölkonzerne. Fünf Mrd. Kronen (672,3 Mio. Euro) an Steuerrabatten bis 2025 soll das „Dansk Undergrunds Consortium" (DUC) bekommen. Dieses Beispiel zeigt deutlich, dass die vorhandenen Programme für eine Energiewende und die Realitäten nicht selten voneinander weit entfernt sind.[1]

---

[1] http://sh-ugeavisen.dk/index.php/2017/03/25/kritiker-halten-erdoel-und-gasfeld-tyra-abkommen-fuer-unverantwort-lich/

Großbritannien bestreitet 53 % seines Verbrauchs aus eigenen Quellen. Bei vielen anderen Ländern dagegen liegt das eigene Gasaufkommen bei null oder kaum darüber. Dazu gehören nach den IEA-Zahlen Portugal, Spanien, das kleine Luxemburg und auch Frankreich, das sich nur zu 1 % oder etwas darüber selbst versorgt. Für Deutschland liegt die Gasselbstversorgung nach unterschiedlichen Berechnungen zwischen 10 und 14 und für Polen bei 34 %. Diese Zahlen rechnen sowohl Gasimporte aus Russland als auch Lieferungen per Schiff in verflüssigter Form aus Nigeria, Katar und Libyen ein. Deutschland verfügt jedoch bis heute über kein Terminal für solche Gaslieferungen. Der Bau einer derartigen Anlage in Schleswig-Holstein ist erst für 2019 geplant. Italien hingegen setzt gegenwärtig sehr stark auf diese Technologie.[2]

Spanien erhält russisches Gas von dem Unternehmen NOVATEK aus dem Yamal-LNG-Vorkommen. Diese russische Privatfirma schloss mit Gas Natural Fenosa einen Vertrag für die Dauer von 25 Jahren über die Lieferungen in den spanischen Norden ab und wird ab 2017 insgesamt 80 Mrd. Kubikmeter betragen. In Frankreich sind starke Bemühungen im Gange, den allgemeinen Gasverbrauch im Zusammenhang mit dem Atomausstieg weiter effektiv zu regulieren. Hier gab es besonders nach der Fukushima-Havarie zahlreiche Diskussionen über das Ende der Atomenergienutzung bereits im Jahre 2012. Laut einer Studie im Auftrag der staatlichen Umweltagentur (ADEME) wäre bis 2050 sogar der komplette Ausstieg aus der Atomkraft

---

[2] https://www.welt.de/wirtschaft/article125698460/So-abhaengig-ist-Europa-wirklich-von-russischem-Gas.html

möglich, wie die Deutsche Welle darüber berichtete.[3] Die französische Regierung, so meint der russische Experte Aleksej Noskow, betrachtete die Möglichkeit, ein Drittel der Atomkraftwerkskapazität zu reduzieren. Das entspräche etwa 25 % der gesamten produzierten Elektroenergie. Ersatz dafür könnten möglicherweise die Gaskraftwerke liefern. Entsprechend der Wirtschaftsgeografie Frankreichs müssten die dafür benötigten Gaslieferungen aus der südlichen Richtung organisiert werden.[4] Heute verbraucht Frankreich etwa 50 Mrd. Kubikmeter Gas und deckt zirka 2,5 % des Bedarfes aus eigener Produktion. Allerdings wäre auch die Nutzung vorhandener Schiefergasvorräte hilfreich, deren Abbau jedoch seit Juli 2011 verboten ist. Zirka 80 % des Gasimports Frankreichs kommen dagegen über Pipeline. Russland liefert Erdgas nach Frankreich über die Leitung MEGAL aus Süddeutschland (Konsortium Open Grid Europe 51 %, GDF Suez 44 % und ÖMV 5 % Anteile), deren Durchlässigkeit 22 Mrd. Kubikmeter im Jahr beträgt. Über einen deutschen Zwischenlieferanten deckt russisches Gas zirka 18 % des französischen Gesamtverbrauchs. Bis heute ist es jedoch in Frankreich nicht gelungen, dringend benötigte Transportleitungen aus der südlichen Richtung einzurichten.

In letzter Zeit wurde deutlich, dass sich die europäischen bisher bekannten Vorräte allmählich erschöpfen, obwohl der Kontinent auch über mögliche Reserven an nichttraditionellem Gas verfügt. Dabei geht es unter anderem um

---

[3] www.dw.com/de/steigt-frankreich-aus-atomkraft-aus/a-18541663
[4] www.ng.ru/ng_energiya/2017-05-16/12_6988_algeria.html

größere Vorkommen von Schiefergas. In einer unter dem Titel *Shale Gas: Ecology, Politics, Economie 2017* von Sergey Zhiltsov[5] veröffentlichten Studie, wird auf die Vorräte an Schiefergas hingewiesen. Danach suchen in Europa auch solche renommierten Firmen wie Chevron, Shell, The Canadian Transatlantic Petroleum sowie ÖMV/Österreich und Wintershall/Deutschland. Doch in dem bereits im März 2011 von der Europäischen Union beschlossenen Energieaktionsplan für den Übergang zur wettbewerbsfähigen emissionsarmen Wirtschaft bis 2050 wird Schiefergas gar nicht erwähnt. Eigentlich ist das nicht zu verstehen, denn in der oben erwähnten Studie werden die umfangreichen Reserven, zum Beispiel in den Niederlanden, besonders genannt. Gute Aussichten hätten in dieser Hinsicht auch Frankreich, Deutschland und Österreich. Die Österreichische Erdölgesellschaft ÖMV sucht z. B. Schiefergas in der Nähe von Wien und plant entsprechende Erkundungen in Rumänien und Serbien. Auch das Unternehmen Chevron beteiligte sich in Polen an der Suche nach Schiefergas.

Was Deutschland anbelangt, hat das Problem zwei Seiten. Einmal sind das die Gaspreise innerhalb des Landes, zum anderen ist das der Widerstand der Umweltschützer. Nach Einschätzung eines der führenden deutschen Gaslieferanten Wintershall, hat Naturgas entscheidende Bedeutung für die Energieversorgung. Rainer Seele, heutiger Leiter von ÖMV und früherer Chef von Wintershall meint, dass die Energiewende ohne Gas nicht ausreichend rentabel

---

[5] https://www.springer.com/us/book/9783319502731

ist, weil die deutschen Energieversorger wegen der Preisentwicklung nicht Gas-Elektrizitäts-, sondern Kraftwerke auf der Basis von billiger US-Kohle bevorzugen. Gerade die Vereinigten Staaten besitzen große Mengen von Kohle für den Weltmarkt. Die weitere Entwicklung auf diesem Gebiet hängt aber ganz sicher von der Preisentwicklung in der Kohleindustrie ab.

Es ist aber allgemein bekannt, dass auch Deutschland besonders umfangreiche Vorräte an Schiefergas aufweist. In dem Buch des Springer Verlages (2017) *Shale Gas: Ecology, Politics, Economy* schreibt Sergey Zhiltsov, dass das Schiefergasvolumen nach verschiedenen Einschätzungen zwischen 0,7 bis 2,3 Billionen Kubikmeter schwankt. Geschätzt ungefähr 1,3 Billionen Kubikmeter wären davon nach den Angaben der Bundesanstalt für Geowissenschaften und Rohstoffe in Hannover technisch zugänglich. Das würde reichen, um die deutschen Bedürfnisse für 13 Jahre mit Gas voll zu befriedigen. Oder anders gesagt: Wenn wir vom heutigen Verbrauch in Deutschland aus eigenen Quellen ausgehen, würde das Gas mit nur ca. 12 %-Anteil für die nächsten 100 Jahre ausreichen. Das Unternehmen Wintershall führt zu dieser Thematik wissenschaftliche Untersuchungen an der holländischen Grenze in Nordrhein-Westfalen durch.

Im Gegensatz zu Naturgas liegt Schiefergas in den Taschen von Muttergestein und kann nicht selbständig zur Oberfläche steigen. Die Experten von Wintershall verfügen bereits seit 1961 über Erfahrungen mit der Hydrofrac-Methode bei der Gewinnung von Naturgas aus dichtem Gestein, ähnlich der von Schiefergas. Ein Unterschied bei der Anwendung besteht hier nur darin, dass für Schiefergas statt Wasser und Sand keramische Zusätze oder Aluminiumoxide benötigt werden, sodass die Kanäle für den Gasausgang immer geöffnet bleiben. Umweltschützer lehnen das Verfahren allerdings mit der Begründung ab, dass diese Chemikalien die Trinkwasserversorgung gefährden. Wintershall hatte bereits vor Jahren die beanstandete mögliche Verschmutzung des Wassers bestritten und mehrfach vergeblich, Anträge auf die Anwendung des Hydrofrac-Verfahrens gestellt. Inzwischen wurde diese Methode in Deutschland sogar verboten und seit 2011 kein Antrag dieser Art, nicht einmal für die traditionelle Gasgewinnung, zugelassen. Nach den Angaben des deutschen Experten für Geologie Dr. Martin Sauter von der Universität Göttingen, gibt es zwischen den USA und Deutschland allerdings charakteristische Unterschiede in der Organisation des Abbaus von Schiefergas. So begrenzt z. B. in Deutschland allein schon die Bevölkerungsdichte die Abbaumöglichkeiten. Trotzdem ist Wintershall weiter daran interessiert, bei der Gewinnung von Schiefergas auch in Osteuropa aktiv mitzuwirken.

Die ständige Vervollkommnung der technischen Möglichkeiten könnte mit der Zeit aber auch in Europa dazu führen, dass der Schiefergasabbau immer mehr ökologischen Kriterien standhält. So wäre hier in erster Linie das sogenannte Propangas-Fracking interessant, das ohne Wasser durchgeführt wird, wie der russische Experte Grigorij Schechtman in einem Artikel vom 13. Februar 2018 in der NG-Energy-Beilage erklärt.[6] Diese Technologie unterscheidet sich vom bisher bekannten Hydraulic-Fracturing

---

[6] www.ng.ru/ng_energiya/2018-02-13/11_7171-revolution.html

durch die Verwendung von verflüssigtem Propan, das statt einer Mischung von Chemikalien und Wasser nach dem Gewinnungsprozess vollkommen verdampft. Das Risiko der Boden- und Untergrundwasserverschmutzung ist dadurch sehr gering. die Kosten für die Anwendung dieser Methode allerdings 1,5-mal höher als beim Hydraulic-Fracturing. Ohne den notwendigen Einsatz ökologisch bedenklicher Chemikalien wurde eine zweite Methode entdeckt, als kanadische Erdölarbeiter bemerkten, dass nach einem Erdbeben die Ölförderung anstieg. Dieses Phänomen ist damit zu erklären, dass nach wiederholten seismischen Stößen in der Erdschicht ein hydrodynamischer Schlag ausgelöst wird, der die Gesteinsporen erweitert und somit eine größere Fördermenge freigibt. Für das impulsive Einwirken auf die Schichten meldete die kanadische Firma Wavefront Technology ein eigenes Patent an, dass die Hydraulic-Fracturing-Technologie ersetzt und derzeit in den USA bereits erprobt wird.

Eine weitere Entwicklung der Welleneinwirkung auf die Gesteins- und Bodenschichten bietet die Technologie der künstlichen Erdbeben. Das ist gleichfalls eine praktische Möglichkeit für den Ersatz der Hydraulic-Fracturing-Technologie. Diese ökologisch relevante Methode verursacht eine seismische Reaktion und erweitert die Produktivität der Bohrung. Dabei werden Vibrationsquellen auf der Oberfläche eingesetzt, deren Einwirkungen mit den von Erdbeben ausgelösten Ergebnissen in Gesteinsschichten vergleichbar sind.

Bei der Einschätzung des allgemeinen Gasmarktes und seiner vielfältigen technischen und ökologischen Probleme spielt Russland ohne Zweifel in der Versorgung Europas heute eine besonders wichtige Rolle. Diese Bedeutung ist nicht allein nur mit dem relativ großen russischen Anteil an der direkten Gasversorgung Europas verbunden (Abb. 3.2). Das Land verfügt auch als einziger Gasexporteur über freie Leitungskapazitäten nach Europa. So schreiben die renommierten russischen Autoren Buschuew, Mastepanow, Perwuchin und Schafranik im Buch *Eurasische Energiezivilisation*, dass die hervorragende Stellung Russlands darin besteht, auf jeden Fall in naher und ferner Zukunft, Erdgas nach Europa zu liefern. Das ist wichtig zu analysieren, weil nach unseren Berechnungen der Kontinent im Prinzip eigentlich auch dazu selbst in der Lage wäre, die russischen Liefermengen von 160 Mrd. Kubikmetern, u. a. durch 40 bis 50 Mrd. Kubikmeter Gas aus Algerien und Nordafrika bis zu 20 Mrd. Kubikmeter aus Norwegen sowie theoretisch durch 130 Mrd. Kubikmeter LNG zu ersetzen. Möglich wären auch Lieferungen aus dem Iran, Turkmenistan und dem Persischen Golf. Selbst die Kaspische Region könnte da eine Rolle spielen. Gerade die Analyse der Gasvorräte in diesen Teilen ist besonders wichtig, um die realen Aussichten für die Energieversorgung in Europa zu verstehen.

Literatur

Buschuew, Mastepanow, Perwuchin und Schafranik (2017) Euroasische Energiezivilisation, SAO GU IES, Moskau

3

Russische Gasvorräte

In Russland existieren gewaltige Vorkommen von Gas aus den dichten Gesteinen, aber auch von sogenanntem „shale gas". Für den Markt ist dabei interessant, dass die technisch nutzbaren Ressourcen beider Gasarten in Russland mit zirka 32,9 Billionen Kubikmetern ungefähr mit dem Umfang der gesamten US-Vorkommen übereinstimmen. Einige Quellen sprechen in Russland sogar von über 38 Billionen Kubikmetern. Heute ist auch das unter großen Druck in den Tiefen der Meere zu findende gefrorene Methan für die Weltwirtschaft interessant, zu dessen Gewinnung japanische und chinesische Unternehmen entsprechende Technologien entwickelt haben. Erwähnenswert ist in dem Zusammenhang, dass die ersten Forschungen auf diesem Gebiet bereits 1940 auch in Russland stattfanden. Seit der Entdeckung umfangreicher Vorräte im sowjetischen Norden in

© Springer Fachmedien Wiesbaden GmbH,
ein Teil von Springer Nature 2018
O. Nikiforov, G.-E. Hackemesser, *Die Schlacht um Europas Gasmarkt*,
https://doi.org/10.1007/978-3-658-22155-3_3

den 1960er-Jahren des vorigen Jahrhunderts, werden Gashydrate auch dort als wichtige potenzielle Energiequellen betrachtet. Nach verschiedenen Untersuchungen betragen die geschätzten Gashydratenin-Vorräte in der Welt $1,8 \cdot 10^5$ bis $7,6 \cdot 10^9$ Kubikmeter, die sich hauptsächlich in den Ozeanen und in Kryolith-Bereichen des Festlandes befinden (Abb. 3.1). In Russland wurden sie im Baikalsee, im Schwarzen Meer und im Norden in den Weiten Westsibiriens entdeckt. Doch hier wird in diesen Bereichen im Wesentlichen nur geforscht, weil das Land in der Vergangenheit über ausreichende große Vorräte an Naturgas verfügte (Abb. 3.2).[1]

Eigentlich begann die Geschichte des russischen Naturgases bereits in den 1960er-Jahren des vorigen Jahrhunderts,

Geografie der Verteilung von Gashydratvorkommen

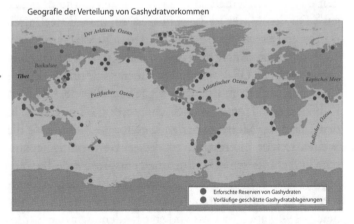

Abb. 3.1 Weltweite Gashydratlagerstätten (Quelle: Michail Mitin)

---

[1] https://ru.wikipedia.org/wiki/_note-2

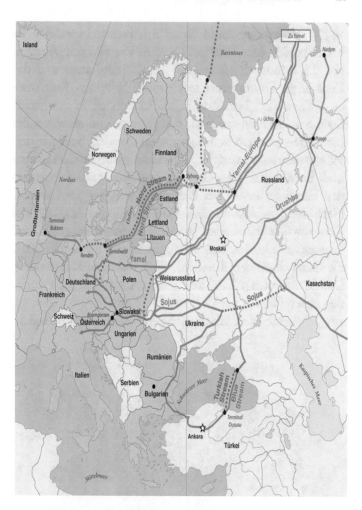

Abb. 3.2 Europa ist das Hauptziel des russischen Gasleitungssystems unter Wasser und über Land aus den großen russischen Lagerstätten. (Quelle: Michail Mitin)

als riesige Vorkommen in Westsibirien entdeckt wurden. Es handelte sich dabei um die Quellen Urengoj mit Vorräten von 12 Billionen, Medweshje mit 2,3 Billionen und das Yamburger Vorkommen mit etwa 7 Billionen Kubikmetern. Diese drei Fundorte entwickelten sich in der damaligen Sowjetunion zur Basis des Exports und machten das Land 1984 zum größten Gasanbieter der Welt. Schon in den 1950er-Jahren des vorigen Jahrhunderts zählten die Ukraine und die südrussischen Gebiete im Krasnodarsker Kreis zu den Hauptregionen, wo Erdgas früher gewonnen wurde. Nach den Angaben in einer Publikation des Analytischen Zentrums der russischen Regierung zum Brennstoff- und Energiekomplex im Juni 2017, umfassten im Januar 2015 die Gasvorkommen Russlands 50,2 Billionen Kubikmeter. Damit nimmt das Land mit einem Anteil von 24 Prozent den ersten Platz in der Welt ein. Die Karte in Abb. 3.3 zeigt, wo sich heute die umfangreichsten Vorkommen befinden.

Abb. 3.3   Reich an Bodenschätzen: Erdgasvorkommen bis in den Hohen Norden (Quelle: Michail Mitin)

Abb. 3.4 Malerisches Städtchen, in Nadym wohnen die Gasarbeiter von Bovanenkowo. (Quelle: Oleg Nikiforov)

Der größte Teil, etwa 80 Prozent des geförderten Gases, kommt aus Nadym-Pur in der Tasowsker Region im Yamalo-Nenezker Autonomen Gebiet (Abb. 3.4). Die höchste Steigerung gab es in dem erst 2012 in Betrieb genommen Standort in Bovanenkowo auf der Halbinsel Yamal. Im Jahr 2012 wurden dort 4,9 und 2016 schon 67,4 Mrd. Kubikmeter Gas gefördert. Vorgesehen ist hier künftig eine Erweiterung der Förderleistung auf 140 Mrd. Kubikmeter im Jahr. Im Einzelnen kam 2015 das Gas aus den Autonomen Gebieten Yamalo-Nenezk (502,3 Mrd.) und Khanty-Mansijsk (30,9 Mrd.), dem Sachalinsker Gebiet (19,3 Mrd.), dem Orenburger Gebiet (20,3 Mrd.), dem Krasnojarsker Kraj (12 Mrd.), dem Astrachaner Gebiet (12,1 Mrd.) – sowie 23,6 Mrd. Kubikmeter Gas aus anderen kleineren Bereichen (Abb. 3.5).

Zahlreiche Probleme ergeben sich aber auch aus der Verringerung der bisher ertragreichen und geologisch niedrig

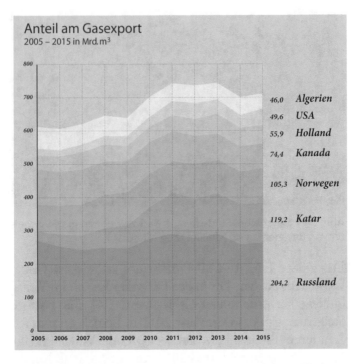

Abb. 3.5 Die bedeutendsten Gasexporteure und deren Marktan-
teile. (Quelle: Michail Mitin)

gelegenen Vorräte, aus komplizierten Natur- und Klima-
verhältnissen (Barents Shelf und Karsker Schelf) sowie aus
der Entfernung der neuen Förderzentren von der vorhandenen Infrastruktur der Gaswirtschaft und den künftig überwiegend zu erwartenden Niedrigdruckvorräten. In äußerst
umfangreichen Investitionen, modernsten Ausrüstungen
sowie allerneustem Know-how sieht der bereits erwähnte
Experte Dr. Chaitun in der Perspektive allein die Lösung.

Das sei aber heute wegen der westlichen Sanktionen besonders erschwert und so könnte dieser Zustand noch Jahrzehnte andauern. Nach den Rechnungen der Autoren des bereits erwähnten Buches *Energetik Russlands – Der Blick in die Zukunft*, das als Grundlage zur Strategie der Entwicklung der Energetik des Landes bis 2030 dient, wird die russische Gasindustrie in dieser Zeit 656 bis 590 Mrd. USD an Investitionen brauchen. Davon sollen fast 50 Prozent für Investitionen im Bereich der Transportsysteme und 30 Prozent für die Förderung und Suche nach neuen Vorkommen verwendet werden. Der Anteil der Geldmittel für die Erneuerung der Struktur der Gasindustrie wird 20,5 bis 23,4 % der Ausgaben betragen.

Literatur

Autorengruppe unter Witalij Buschuew (2010) Energetik Russlands – Der Blick in die Zukunft, Verlag Energija, Moskau

4

Privatisierung der russischen Gasindustrie

Es ist für niemanden mehr ein Geheimnis, dass die Ukraine heute eine wichtige Rolle in der Auseinandersetzung zwischen Europa und Russland spielt. Einer der bestimmenden Faktoren dieser Krise ist die Benutzung der Gaspipeline. Über die Ukraine läuft heute die Gaspipeline Urengoj-Pomary-Ushgorod, die 1983 in Rahmen des Geschäftsmodells „Gas gegen Röhren" gebaut wurde. Sie verbindet die nördlichen Gasvorkommen in Westsibirien mit den Verbrauchern in Ost- und in Westeuropa. Die Gesamtlänge der Pipeline, die über 32 Mrd. Kubikmeter im Jahr befördern kann, beträgt 4451 km und verläuft mit 1160 km durch die Ukraine. Bisher passierten jährlich 28 Mrd. Kubikmeter Gas diese wichtige Route. Zu ihrer Vorgeschichte gehört die Unterzeichnung eines Abkommens im November 1980,

© Springer Fachmedien Wiesbaden GmbH,
ein Teil von Springer Nature 2018
O. Nikiforov, G.-E. Hackemesser, *Die Schlacht um Europas Gasmarkt*,
https://doi.org/10.1007/978-3-658-22155-3_4

nach dem ab 1984 jährlich über 10,5 Mrd. Kubikmeter Gas aus der UdSSR fließen sollten. Die Röhren und die notwendigen entsprechenden Kredite für die sowjetischen Auftraggeber kamen dazu aus Deutschland. Ursprünglich waren für diese Route sogar zwei Gaspipelines geplant. Die damals durch die USA unter dem Präsidenten Ronald Reagan verhängten Sanktionen gegen die Sowjetunion verboten jedoch die Verwendung hochtechnologischer US-Bestandteile für die Gasleitungen und die Verdichterstationen. Aus diesen Gründen wurde dann nur eine Leitung gebaut. Nach dem Zerfall der Sowjetunion im Dezember 1990 fielen alle sowjetischen Pipelines unter nationale Rechtshoheit und Zuständigkeit der neu gebildeten Staaten. In Russland selbst wurde noch 1989 mit dem damaligen Ministerium für Gaswirtschaft das riesige Monopolunternehmen Gazprom gebildet. Juristisch gesehen entstand es auf der Grundlage des damals noch gültigen sowjetischen Gesetzes „Über den Staatsbetrieb" als staatlicher Konzern, dem der spätere russische Ministerpräsident und ehemalige Minister für Gasindustrie Viktor Tschernomyrdin vorstand (Abb. 4.1). Auf diese Weise wurde die Gasbranche als zentrale Einheit erhalten. Nachdem Tschernomyrdin 1992 zum Ministerpräsidenten ernannt wurde, trat sein Stellvertreter Rem Wjachirew an die Spitze des Unternehmens. Am 5. November 1992 ordnete schließlich ein Erlass des Präsidenten Jelzin die Privatisierung an. Laut Weisung sollten 40 % der Aktien für 3 Jahre im Besitz des Staates bleiben, 15 % erhielten Mitarbeiter und Rentner, 5,2 % wurden für die Einwohner des Yamalo-Nenezker Autonomen Gebiets vorgesehen, wo sich wichtige Gasvorkommen befinden. Für Bewohner in den an anderen 60 Regionen Russlands standen auf

Abb. 4.1 Gazprom – Gründer: Rem Wjachirew und Wiktor Tschernomyrdin (links). (Quelle: Gazprom)

Auktionen 28,7 % der Anteile an den Vorkommen zur Verfügung. Dort durften die Teilnehmer mit sogenannten Vou-
chern zahlen, die sie im Laufe des Übergang Russlands zur
Marktwirtschaft kostenlos vom Staat bekommen hatten.
Das Gesamtindustrievermögen der Sowjetunion wurde
damals auf 1400 Mrd. Rubel eingeschätzt und für diese
Summe Voucher mit einem Nominalwert von 10.000 Rubel
gedruckt. Im Zeitraum von 1994 bis 2001 wurde dann in
Russland im Rahmen des Börsenhandels die Zahl der Pri-
vataktionäre in vier Etappen auf 21 % reduziert. Ende
Dezember 2005 unterschrieb Präsident Putin ein Gesetz, in
dem festgelegt wurde, dass 50 % der Obligationen und eine
Gazprom-Aktie in Staatshand bleiben müssen. Dabei sollte

berücksichtigt werden, wie Sergej Prawosudows dazu in seinem Buch *Erdöl und Gas. Geld und Macht* schreibt, dass von 1994 bis 1999 zwischen Rem Wjachirew und der Regierung ein sogenannter Treuhandvertrag existierte. Nach dieser Festlegung war Wjachirew berechtigt, 35 Prozent der Gazprom-Aktien im Namen des Staates zu vertreten. So konnten er und der damalige russische Ministerpräsident Tschernomyrdin, Gazprom als Instrument für ihre eigene, von privaten Interessen geprägte Politik nutzen. Dieser erbitterte Kampf der Oligarchen um Gazprom und die Macht im Kreml dauerte bis zu Putins Etablierung zum Ministerpräsidenten. Das erklärt auch letztlich Gazproms heutige Monopolstellung in der russischen Gasbranche. Der Konzern verfügt inzwischen insgesamt über eine einheitliche technologische und organisatorische Kette von 42 Tochterunternehmen, die den Produktionszyklus von der Bohrung bis zur Lieferung an die Kunden vereinigt und 95 % der gesamten Gasproduktion kontrolliert. Ihm gehören drei Viertel aller Vorkommen sowie das gesamte Gasnetz inklusive strategisch wichtiger Transportpipelines. Es gilt in Russland heute die Auffassung, dass ein solch hoher Grad der Integrität der Gasindustrie wegen der besonderen Stellung des Landes dringend politisch notwendig ist. In der Regierung gibt es die Meinung, dass vom Standpunkt der Wirtschaftlichkeit ausgesehen, die Liberalisierung der Gaswirtschaft und der Zugang anderer Produzenten zu den Exportpipelines, zu einem Wettbewerb unter russischen Gaslieferanten führen würden. Es wird daher befürchtet, dass die Verbraucher auf diese Weise den Preis drücken könnten. Der Staatshaushalt bekäme dann entsprechend weniger Steuereinnahmen. Zu den größten der insgesamt

159 unabhängigen Gasproduzenten gehören heute Rosneft und NOVATEK. Gleichfalls bekannt sind die Erdölfirmen Lukoil und Surgutneftegas. Doch schon allein Gazprom produzierte 2016 405 Mrd. Kubikmeter Gas, während die übrigen Unternehmen insgesamt nur 23 Mrd. Kubikmeter auf den Markt brachten. Um die gesamte Tragweite der Gründung von Gazprom als einflussreichem Staatsmonopolisten zu erfassen, müssen die Umstände näher betrachtet werden, die Putins Aufstieg zur Macht begleiteten. So stimmen die zahlreichen Gegner des russischen Präsidenten und die distanziertesten Zeithistoriker mit seinen Anhängern heute in einem Punkt überein: Putins Aufstieg ist nicht nur eigen- sondern auch einzigartig in der modernen Geschichte Russlands, denn er tauchte aus dem Geheimdienstmilieu als ein Mann auf, der über nichts verfügte, was ihn eigentlich aus der Masse herausheben hätte können. Putin zeichnete sich weder durch seine besondere Herkunft noch durch große Verbindungen oder Reichtum aus. Eigentlich wurde dieser Mann durch angeblich puren Zufall auf den Stuhl des höchsten russischen Staatsamtes katapultiert. Trotzdem kürte ihn die „Forbes Liste" 15 Jahre lang zum „mächtigsten Politiker der Welt". Ihm kam zu Nutzen, dass zu Beginn seiner Herrschaft durch den Zerfall der Sowjetunion zwischen der Vergangenheit und der Zukunft Russlands Chaos und Leere herrschte, die das Land vom Ende der 1980er- bis in die 1990er-Jahre des letzten Jahrhunderts an den Rand der wirtschaftlichen Katastrophe, der innenpolitischen Anarchie und der außenpolitischen Lähmung führen sollte. Im Inneren entstand ein herrschaftsfreier Raum, um dessen wirtschaftliche Aufteilung zuletzt sieben russische Oligarchen wetteiferten. Sie

stammten aus der Zeit der Herrschaft Gorbatschows, die eine vielfach kriminelle Schar von Privatpersonen aus der Wirtschaft ans Tageslicht gespült hatte. Unter dem Schutz förmlicher Erlasse Gorbatschows durften sie illegal erworbenes Kapital legalisieren, sie kauften sich über die berüchtigten „Pfandauktionen" in staatliche Schlüsselunternehmen ein und wurden auf diese Weise reich, bedeutend und als „Oligarchen" mächtig und prominent. Sicher sind nicht alle, die heute so bezeichnet werden, aus der Schattenwirtschaft oder aus der Kriminalität gekommen. Es gab auch sogenannte „rote Direktoren", die damalige Gesetze über die Privatisierung legal für eigene Bereicherung ausnutzten, oder Regierungsbeamte in den Ministerien, die sich rechtzeitig auf die Privatisierung einstellten und durch enge Verbindungen zu den Gesetzgebern und Machthabern der damaligen Sowjetunion und später Russlands zu Oligarchen geworden sind. Auf diese Art und Weise entstanden dann solche Unternehmen wie Gazprom, LukOil und Tatneft, um nur einige Beispiele zu nennen. Die anderen heutigen Oligarchen haben die spätere Liberalisierung der sowjetischen Gesetze unter Gorbatschow benutzt, um überwiegend durch den Handel mit dem Ausland, z. B. mit Computertechnik, Nahrungsmitteln oder Bekleidung, zu verdienen, um später bei der Privatisierung große Betriebe kaufen zu können. Das war relativ einfach, weil Anatoly Tschubais – einer der Väter der russischen Privatisierung – die Zerschlagung der Planwirtschaft der sowjetischen Industrie als erklärtes Ziel benannte. Dabei wurden zahlreiche Betriebe unter ihrem Wert in private Hände übergeben. Auf diese Weise entstanden heute sehr bekannte Unternehmen, wie NOVATEK oder die später zum Großteil an Rosneft übergegangene Firma Yukos. Als Mitte der 1990er-Jahre klar wurde, dass Jelzin nicht mehr imstande war, das Land zu regieren, suchten diese sieben Oligarchen für ihn einen willfährigen Nachfolger. In Putin sahen sie damals praktisch die einzige Persönlichkeit aus Jelzins Umgebung, die ihnen die Kontinuität der bisherigen Politik möglicherweise garantierten könnte und gleichzeitig von den Wählern akzeptiert wurde. Sie hofften, dass Putin in ihren Händen die Rolle eines Strohmanns spielen könnte. Doch es kam anders. Putin stützt sich innenpolitisch auf die neuen Monopole, gerade weil er im Laufe seiner Machtübernahme die unter Vorgänger Jelzin zu mächtigen Persönlichkeiten gewordenen Oligarchen Beresowski, Chodorkowsky, Gusinsky und einige andere entmachtet und enteignet hatte. Denn er wollte sich von Anfang an nicht auf die einst geförderten Mächtigen verlassen, sondern zählte auf seine eigenen alten Freunde. Gerade dabei spielte das sich mehrheitlich in Staatshand befindende Unternehmen Gazprom – mit Putins Gönner Alexsej Miller aus Leningrader Zeit an der Spitze – eine wichtige Rolle. Putin selbst hatte nach seinem Ausscheiden aus dem KGB-Dienst als Stellvertreter unter dem damaligen Oberbürgermeister Sobtschak gearbeitet. Ein besonderes Plus für seinen eigentlich nicht zu erwartenden Aufstieg, weil auch Anatolij Sobtschak als ein scharfer Verfechter von liberalen Ideen galt. Selbst das war kein Zufall. Als Sobtschak in Jelzins Augen wegen innenpolitischer Intrigen in Ungnade fiel, half ihm Putin bei seiner Flucht nach Paris und unterstützte nach seinem Tod seine Familie. Sobtschaks Witwe wurde Senatorin und Tochter Xenija kann heute Anspruch als Kandidatin für das Amt des russischen Präsidenten erheben. Auch das erklärt heute vieles: Putin interessierte sich als Germanist von Anfang an immer für Deutschland und versuchte bereits auf dem relativ bescheiden Posten als Sobtschaks Stellvertreter für internationale Fragen mit Erfolg, deutsche Unternehmen nach St. Petersburg zu holen. In diesem Zusammenhang ist die besondere Rolle deutscher Industrieller bei der Privatisierung von Gazprom und die Sonderstellung Deutschlands in der russischen Gasgeschichte und in den politischen Beziehungen in Europa in der Zeit nach Jelzin zu verstehen. Die Historie der Zusammenarbeit deutscher Firmen mit der russischen Gasindustrie begann bereits in den 1970er-Jahren des vorigen Jahrhunderts. Nicht zufällig hob Gazprom-Vorstandsvorsitzender Aleksej Miller am 13. März 2014 anlässlich „40 Jahre Zusammenarbeit Gazprom und E.ON" (vormals Ruhrgas AG) in einem Pressebericht hervor, dass bereits Anfang der 1970er-Jahre mit dem historischen Gas-Röhren-Geschäft das Fundament für das heutige System der Energieversorgung Europas gelegt wurde und Deutschland mit Russland als Hauptlieferant für die deutsche Wirtschaft zum weltgrößten Erdgasabnehmer aufstieg. Seit Beginn dieser Zusammenarbeit wurden bisher mehr als 600 Mrd. Kubikmeter Gas geliefert. Das entspricht über der Hälfte der russischen Erdgasexporte nach Deutschland seit Beginn der Partnerschaft vor 40 Jahren (Abb. 3.3 und 3.4).

Auch die gemeinsame Gasförderung im Öl- und Gasfeld Juschno-Russkoje und das globale Infrastrukturprojekt Nord Stream, das als modernes Gastransportsystem Russland direkt mit den größten europäischen Verbrauchern von Erdgas verbindet, bewährt sich nach der Auffassung des Vorstandsvorsitzenden als Garant der Energiesicherheit von ganz Europa. Das sind große Worte, denn erst nach mehr als vierjährigen Verhandlungen mit wechselnden Forderungen und Zugeständnissen hatte sich Gazprom bereit erklärt, den E.ON-Konzern am sibirischen Gasfeld Juschno-Russkoje (Abb. 4.2) zu beteiligen und dafür etwa 3%Prozent ihrer eigenen Aktien gefordert. Die entsprechende Vereinbarung wurde dann am 2. Oktober 2014 von den beiden Vorstandsvorsitzenden Wulf Bernotat und in St. Petersburg im Beisein des russischen Präsidenten Dimitri Medwedew

Abb. 4.2 Autor Oleg Nikiforov besucht Bovanenkowo. Für Gazprom sind bis in den Hohen Norden Russlands 456.000 Mitarbeiter tätig. (Quelle: Oleg Nikiforov)

und der deutschen Bundeskanzlerin Angela Merkel abgeschlossen, die sich dort zu Regierungsgesprächen aufhiel-
ten. Entsprechend dieses Vertrages ist E.ON mit 25 %
minus einer Aktie am sibirischen Gasfeld Juschno-Russkoje
beteiligt. Im Gegenzug dazu erhält Gazprom jedoch statt
eigener Beteiligungen am E.ON-Unternehmen 2,93 %
Aktien, die derzeit einen Börsenwert von rund 4 Mrd. Euro
darstellen. Bei diesem Paket, das jetzt die Besitzer wechseln
soll, handelt es sich um die indirekte E.ON-Beteiligung
über das 1999 gegründete Gemeinschaftsunternehmen
ZAO Gerosgaz, das seinerzeit der Ruhrgas-AG eine weitere
Aufstockung ihrer Beteiligung bei gleichzeitiger Kontrolle durch Gazprom ermöglichen sollte. Das Unternehmen E.ON besitzt deshalb nur 49 % an dem Joint Venture.
Der übrige Teil gehört der Gazprom-Außenhandelstochter
VEP Gazexport. Bisher verfügt E.ON über 3,5 % an direkten Beteiligungen und 2,93 % durchgerechneter Anteile
über die ZAO Gerosgaz und somit etwa insgesamt über
6,5 % Gazprom-Aktien, wie der Sender n-tv berichtete. Sie
stammen im Wesentlichen aus Beteiligungen aus der Zeit,
als die Ruhrgas AG noch ein selbstständiges Unternehmen
war und sich vom Einstieg bei ihrem Hauptlieferanten strategische Vorteile erhoffte. Noch einmal hervorgehoben:
Eine erste direkte Beteiligung in Höhe von 2,5 % erwarb
sie bereits im Dezember 1998 und erhöhte sie ein halbes
Jahr später auf 3,5 %. Zugleich bekam sie über die Gründung des Gemeinschaftsunternehmens ZAO Gerosgaz erstmals auch indirekte Anteile von 0,5 %, die später bis zur
heutigen Höhe auf 2,93 % aufgestockt wurden. Aufgrund
ihres Kapitalanteils darf die E.ON/Ruhrgas AG seit dem
Jahr 2000 einen der elf Direktoren stellen, die bei Gazprom

Aufsichtsratfunktion ausüben. Ein wirklicher Einfluss auf die Geschäftspolitik ist damit aber nicht verbunden, zumal die wichtigsten Entscheidungen ohnehin im Kreml getroffen werden. Im Grunde genommen ist von dem ursprünglich strategisch motivierten Einstieg der Ruhrgas AG nur noch eine Finanzbeteiligung übriggeblieben. Die indirekten Anteile an Gazprom über die ZAO Gerosgaz sind dabei für E.ON von geringerem Wert als die direkte Beteiligung, da sie nicht verkauft werden können.[1]

Eine weitere intensive Zusammenarbeit gibt es zwischen Gazprom und der BASF. So schreibt die Tochtergesellschaft Wintershall anlässlich des 25. Jahrestages, dass die deutsch-russische Kooperation von BASF und Gazprom 1990 ein Novum in der Erdgaswirtschaft darstellte und beide Unternehmen durch den Bau von Pipelines für Wettbewerb auf dem Gasmarkt in Deutschland und Europa gesorgt und einen Erdgashandel aufgebaut haben, der den europäischen Markt in den vergangenen 25 Jahren gemeinsam über ihre Joint Ventures mit mehr als 700 Mrd. Kubikmetern Erdgas versorgt hat. Dazu muss erwähnt werden, dass beide Unternehmen vor rund 10 Jahren begannen, in den sibirischen Gemeinschaftsunternehmen Achimgaz und Severneftegazprom (Juschno-Russkoje) gemeinsam Erdgas zu fördern (Abb. 4.3 und 4.4). Seit dem Austausch von Anteilen zwischen der BASF und Gazprom Ende September 2015 hält Wintershall zudem 25,01 % an den Blöcken IV und V der Achimov-Formation des

---

[1] http://www.energie-chronik.de/081010.htm

Abb. 4.3   Wintershall – Gazprom: wichtiges Gemeinschaftsprojekt Achimgaz. (Quelle: Wintershall)

Abb. 4.4   Wintershall-Vorstand Mario Mehren: „vor Ort" in Achimgaz, 3500 km nördlich Moskaus. (Quelle: Wintershall)

Abb. 4.5 Deutsch-Russische Rohstoffkonferenz Dezember 2016: Arkadi Dworkowitsch – Vize-Ministerpräsident Russland (Mitte), Sigmar Gabriel – damals Wirtschaftsminister, Edmund Stoiber – Ehrenvorsitzender CSU. Rechts: Pawel Sawalny – Präsident der russischen Gasgesellschaft, Viktor Zubkow – Aufsichtsratsvorsitzender Gazprom. (Quelle: Gazprom)

Urengoi-Erdgas- und -Kondensatfeldes in Westsibirien, die in den folgenden Jahren von beiden Unternehmen erschlossen werden sollen. Im Gegenzug dazu führt Gazprom auch das bisher gemeinsam betriebene Erdgashandels- und Speichergeschäft fort. Die Zusammenarbeit mit E.ON und mit Wintershall wird gegenwärtig noch weiter intensiviert und zeigt die eigentliche Bedeutung der Kontakte für den Staatskonzern Gazprom mit Deutschland[2] (Abb. 4.5).

---

[2] https://www.wintershall.com/de/presse-mediathek/pressemeldungen/detail/basfwintershall-und-gazprom-feiern-25-jahre-partnerschaft.html

Literatur

Sergej Prawosudow (2017) Erdöl und Gas. Geld und Macht, Verlag KMK, Moskau

5

Unabhängige Gasproduzenten

Im Verlaufe der 1990er-Jahre entstanden in Russland neben dem Staatskonzern zahlreiche private Gasproduzenten. Selbst Gazprom unterstützte diese neu zugelassenen Firmen, obwohl sie zu Konkurrenten hätten werden können. Die Wirtschaftslage im Lande hatte sich verschlechtert und so gab es großes Interesse an der Schaffung eines Gasmarktes mit einer entsprechenden Arbeitsteilung, nach der Gazprom selbst die großen und die privaten Produzenten die kleineren Vorkommen mit oft komplizierten geologischen Bedingungen abbauen durften. So kamen mit der Privatisierungswelle sehr unterschiedliche Strukturen zustande. Die neuen Firmen begannen, mit Geld und mit Lizenzen ausländischer Partner Gasvorkommen abzubauen, die für Gazprom auch aufgrund ihrer Größe nicht interessant waren. So entstand z. B. das heute bekannte

© Springer Fachmedien Wiesbaden GmbH,
ein Teil von Springer Nature 2018
O. Nikiforov, G.-E. Hackemesser, *Die Schlacht um Europas Gasmarkt*,
https://doi.org/10.1007/978-3-658-22155-3_5

Gasunternehmen Surgutneftegas. Weitere unabhängige Firmen aus ganz anderen Wirtschaftsbereichen begannen erst später in das Gasgeschäft zu investieren, so wie unter anderem NOVATEK, heute in Russland einer der führenden LNG-Produzenten.

Im Zusammenhang mit der Entstehung relativ unabhängiger Gasproduzenten spielte das Unternehmen Itera in den 1990er-Jahren als unabhängiger Vermittler zwischen Gazprom und Turkmenistan eine besondere Rolle. Dem neuen Unternehmen fehlte damals Geld, um turkmenisches Gas zu bezahlen und so entwickelte sich Itera zum Spezialisten für Tauschgeschäfte jeglicher Art. Die russische Journalistin Natalia Grib schreibt darüber in ihrem Buch *Gas-Kaiser* (Moskau, Verlag Eksmo, S. 196–197), dass das vom früheren Profiradsportler Igor Makarow in den USA registrierte Unternehmen mit der Hoffnung, dass sie damit zurecht kommen Itera 1995 Gas aus Turkmenistan kaufte und mit Lebensmitteln bezahlte. Ein großes Plus für Gazprom, das auf diese Weise von den Verbindungen des aus Turkmenistan stammenden Igor Makarow profitierte. Die entsprechende Vereinbarung über die Lieferung des in Turkmenistan gekauften Gases über Russland in die Ukraine wurde dann 1995 vom Vize-Ministerpräsidenten der turkmenischen Regierung Valery Ottscherew und vom Gazprom-Generaldirektor Rem Wjachirew unterschrieben.

Das war eigentlich schon die Ursache für den russisch-ukrainischen Transitkonflikt. Turkmenistan handelte damals sowohl mit Itera als auch mit der ukrainischen Staatsfirma Ukrresours mit Gas. Der bereits erwähnte Gazprom-Kenner Sergej Prawosudow schreibt in seinem Buch *Erdöl und Gas. Geld und Macht* (2017, S. 196) über ein

Gespräch mit Igor Makarow, der berichtete, dass Itera effektiver als die ukrainische Firma arbeitete, die Turkmenistan 0,5 Mrd. USD schuldete. Daraufhin beschloss der turkmenische Präsident Saparmurad Nijasowen, nur noch mit Itera zu arbeiten. Es war eindeutig, dass durch Gazprom-Unterstützung mit der Gründung des russisch-turkmenischen Joint Venture Turkmenrosgas 1995 der Aufschwung von Itera ohne Finanzierungsprobleme begann. Dank des Gazprom-Chefs Wjachirew bekam das Unternehmen Itera 5 % vom Kapital der neu gegründeten Firma.[1]

Journalisten verschiedener russischer Zeitungen fragten sich damals, warum gerade das Unternehmen Itera zum Partner von Gazprom wurde. Prawosudow schreibt dazu, dass Wjachirew als auch seine Stellvertreter selbst zu den Mitbesitzern von Itera gehörten. Eine allerdings aufgrund der Kompliziertheit des aus 130 Firmen bestehenden und in verschiedenen Ländern registrierten Unternehmens nur schwer zu beweisende Behauptung. Fest steht aber in diesem Zusammenhang, dass die Kontakte mit der turkmenischen Führung für Itera und Makarow mitentscheidend waren und mit turkmenischen Geschäften Kapital beschafft wurde, um in den eigentlichen russischen Gashandel zu investieren. Das russisch-turkmenische Joint-Venture-Unternehmen existierte dann aus noch zu untersuchenden Gründen bis zum Frühjahr 1997.

Galt Itera ursprünglich nur bei Gazprom als Favorit auf den GUS-Märkten. So begann das Unternehmen danach mit dem Verkauf von kasachischen und usbekischen Gas

---

[1] www.novazagayeta.ru-13.08.2001

an die anderen ehemaligen sowjetischen Republiken. Im Jahr 2000 waren das 85,6 Mrd. Kubikmeter. Itera nahm schließlich selbst mit seiner Tochtergesellschaft Sibneft in Westsibirien am Fördergeschäft teil und beteiligte sich auch in den USA bis zum Beginn der Schiefergasrevolution an entsprechenden Vorkommen. Mit der Übernahme der Leitung von Gazprom durch Aleksej Miller wurde die Firma geteilt und zum Großteil von Rosneft eingekauft. Das war typisch für die Gasgeschäfte im damaligen Russland, in der unabhängige Gasproduzenten gefördert wurden. Für solche, heute gleichfalls unabhängige Gasproduzenten wie LukOil oder Rosneft war die Gasförderung selbst immer ein Nebengeschäft, weil sie sich im Wesentlichen auf den Verkauf konzentrierten. Diese und andere freie Gasproduzenten, wie z. B. Gazpromneft, Surgutneftegas und Arktikgas, gewannen im Jahr 2016 234 Mrd. Kubikmeter. Diese Menge entsprach etwa der reichlichen Hälfte des von Gazprom geförderten Gases. Das Hauptproblem der unabhängigen Produzenten bestand jedoch nach wie vor im fehlenden eigenen Zugang zu den Gasleitungen. Nach einem 2006 verabschiedeten Gesetz bekam Gazprom schließlich ein Exklusivrecht für den Gasexport über seine Leitungen. Alle anderen Produzenten mussten einen Vertrag mit dem Staatskonzern über die Benutzung der Infrastruktur abschließen. Wenn freie Kapazitäten vorhanden waren, konnte Gazprom die Durchleitung erlauben. Ein Nachteil war aber, dass diese Verträge nicht genau definiert vorlagen. So war es zum Beispiel erforderlich, Anträge für die Benutzung der Gasleitungen bereits einige Monate vorher zu stellen. Dadurch wurde das tägliche Geschäft für unabhängige Gasproduzenten erheblich erschwert. Allein durch die Favorisierung von Gazprom sorgte der Staat für einen einheitlichen Exportkanal, um den Wettbewerb unter den russischen Produzenten zu vermeiden und die hohen Abgaben in den Staatshaushalt weiter zu garantieren. Aber auch Rosneft ist mit über 50 % und mit Igor Setschin, dem Ex-KGB-Kollegen des jetzigen Staatspräsidenten an der Spitze, ein staatliches Unternehmen, das innenpolitisch ähnliche Funktionen erfüllt wie Gazprom. Doch macht sich zwischen den Gasunternehmen durchaus eine gewisse Konkurrenz beim Zugang zu den Exportpipelines bemerkbar. So haben Rosneft und NOVATEK erst vor Kurzem die Rechte bekommen, LNG zu exportieren. Dabei geht es hier in erster Linie um die Rosneft-Projekte Fernöstliche LNG, NOVATEK-Yamal LNG und Arktis LNG. Nach dem Gesetz von 2006 über den Gasexport wäre eigentlich Gazprom der einzige bestätigte Gaslieferant ins Ausland. Seit dem Jahr 2013 ist es aber erlaubt, Gas als LNG für andere Staatsfirmen zu exportieren, wenn es auf dem Schelf gewonnen und selber verflüssigt wurde. Auch anderen unabhängigen Produzenten wurde der Export gestattet, wenn sie bereits eine Zustimmung für den Abbau von Gasvorräten und die Möglichkeit des Anlagenbaus für die Verflüssigung besitzen.

Literatur

Sergej Prawosudow (2017) Erdöl und Gas. Geld und Macht, Verlag KMK, Moskau

6

Gas aus Algerien

Algerien spielte bis zur Inbetriebnahme der Pipeline Turkish Stream (Türkischer Strom), die von Russland hauptsächlich für die Gasversorgung Südeuropas in die Türkei gebaut wurde, eine führende Rolle für die Länder Italien, Spanien und Frankreich. Allein Italien bezieht zum Beispiel durch die über Tunis laufende Gaspipeline bis zu 30 % seines Bedarfs. Zum Vergleich: 25 % kommen dagegen aus Russland. In Portugal und Spanien beträgt der Anteil algerischer Lieferungen mehr als 50 %. Frankreich deckt lediglich nur zirka 10 bis 15 % seines Bedarfs mit algerischem Gas. Prognosen über die weitere Entwicklung in diesem Bereich sind heute nicht eindeutig. In ausführlichen Analysen in der russischen Energiebeilage NG-Energy wird beispielsweise besonders auf den wachsenden Gasverbrauch in Italien nach der Krise 2014 hingewiesen. Algerien ist deshalb besonders

© Springer Fachmedien Wiesbaden GmbH,
ein Teil von Springer Nature 2018
O. Nikiforov, G.-E. Hackemesser, *Die Schlacht um Europas Gasmarkt*,
https://doi.org/10.1007/978-3-658-22155-3_6

bemüht, seine Gaslieferungen nach Italien über das Mittelmeer – vor allem durch das seit 2005 bekannte Projekt der
500 km langen Gasleitung Galsi – zu erweitern.

Mehr als 50 % der insgesamt 2,3 Billionen Kubikmeter
an Gasvorräten in Algerien befinden sich bei Hassi R'Mel.
Weitere große Vorkommen wie Salah, Amenas, Tin Fouye,
Tabankort, Timimoun, Rhourde Nouss und Alrar liegen im
Süden und Südosten. Allein der Konzern Sonatrach hat mit
der Nutzung der Vorkommen von Hassi R'Mel am nationalen Gasabbau einen Anteil von mehr als 80 %. Zu den
weiteren bedeutenden Unternehmen zählen außerdem die
französische Firma Total mit dem Abbau von Vorkommen
in Tin Fouye Tabenkort (35 %), aber auch mit Beteiligungen in Timimoun und Ahnet. Sonatrach beutet zusammen
mit BP und Statoil das Vorkommen in Salah mit einem
Abbauvolumen bis zu 9 Mrd. und in Amenas mit bis zu
9 Mrd. Kubikmeter Erdgas im Jahr aus.

Algerien liefert sowohl Pipelinegas als auch LNG nach
Europa. Die Leitungen Maghreb – Europe und Medgas mit
19,5 Mrd. sowie Transmed über Tunis nach Italien mit 36,1
Mrd. Kubikmetern Gesamtkapazität im Jahr verbinden das
Land mit Spanien (Abb. 6.1). Dazu kommen Möglichkeiten über das Netz von LNG-Terminals an der algerischen
Küste, die Kapazitäten von 25 bis 33 Mrd. Kubikmetern im
Jahr bewältigen könnten. Das Land wäre technisch gesehen
durchaus in der Lage, seine Gaslieferungen nach Europa auf
das Anderthalb- bzw. sogar auf das Zweifache zu vergrößern. Algerien gilt dabei als einer der größten Gasproduzenten in Afrika und nimmt den 9. Platz in der Welt ein. Das
Bruttovolumen des gewonnenen Gases übersteigt
190 Mrd. Kubikmeter im Jahr. Doch zwei Probleme belasten

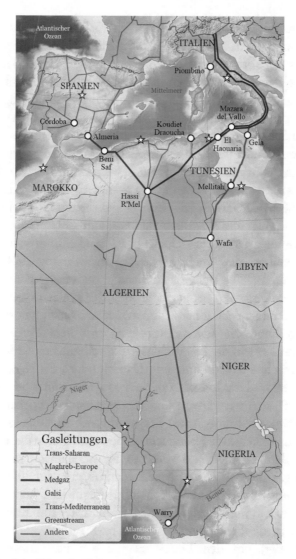

Abb. 6.1 Wie ein Spinnennetz durchziehen Gasleitungen die Landschaft um Hassi R´Mel (Algerien). (Quelle: Michail Mitin)

diese Entwicklung. Das sind das Wachstum des eigenen Gasverbrauchs und natürlich auch die langsame Erschöpfung der vorhandenen Vorkommen. Erinnert werden muss auch daran, dass Algerien mit über 20 Billionen Kubikmeter gewinnbarem Schiefergas – ohne Berücksichtigung der USA und Russlands – den dritten Platz in der Welt nach den Schiefergasvorräten hinter China und Argentinien einnimmt. Auch im Land selbst besteht am Abbau von Schiefergas natürlicherweise ein starkes wirtschaftliches Interesse. So wollte die algerischen Firma Sonatrach bereits 2012 bis zu 68 Mrd. USD in Forschungen auf diesem Gebiet investieren. Auch das italienische Unternehmen ENI zeigte Interesse an algerischem Schiefergas. Die allerdings vier Mal gegenüber der traditionellen Gasgewinnung höheren Abbaukosten behinderten bisher die notwendigen Investitionen. Insgesamt betragen die potenziellen algerischen Erdgasvorräte 4,6 Billionen Kubikmeter. Aber auch hier fehlen dem Land die Investitionsmittel, um diese Vorräte zu nutzen. Allein die Elektrizitätswerke verbrauchen 42 % des algerischen Gasaufkommens. Danach folgen die Haushalte mit 28 und die Industrie mit einem Anteil von 9 %. Über ein Fünftel werden von Gas verarbeitenden Betrieben des nationalen Erdöl- und Erdgasunternehmens Sonatrach genutzt. Steigende Nachfragen stehen auch hier in der Regel mit dem allgemeinen Bevölkerungszuwachs im Zusammenhang. So wird mit einem Eigenbedarf bis zum Jahr 2023 von 56 und bis 2030 von 70 Mrd. Kubikmetern gerechnet. Außerdem werden zirka 90 Mrd. Kubikmeter zum Einpumpen in die Schichten der Erdöl- bzw. Erdgasvorkommen benötigt, um den Druck zu erhöhen und damit die

Förderung überhaupt erst zu ermöglichen. Insgesamt
4 Mrd. Kubikmeter verbrennen pro Jahr allein durch die
notwendigen Fackeln. Wie bekannt ist, wird die Abfacke-
lung dort eingesetzt, wo eine andere Nutzung für die Gase
nach dem Stand der Technik bzw. der Marktnachfrage nicht
sinnvoll oder finanziell uninteressant erscheint. Wegen der
steigenden Kosten wird versucht, nach Möglichkeit Mate-
rial zu verwenden, das sich dazu eignet, Prozessdampf,
Strom oder Wärme in Blockheizkraftwerken als nutzbare
Energie zu erzeugen. Da algerisches Gas zu den Fettgasen
gehört, gehen bei der Reinigung und Entwässerung noch
weitere 15 Mrd. Kubikmeter verloren. Zahlreiche Probleme
schränken jedoch auch den Export ein. Eines davon ist das
niedrige Verhältnis zwischen Abbau und Gasreserven, das in
Algerien im langjährigen Durchschnitt 23,7 bis 24,6
beträgt.[1] In Nigeria sind die Vergleichszahlen 62 und in
Saudi-Arabien 72. Russische Experten gehen deshalb von
unklaren Aussichten einer eventuell doch möglichen Erweiterung der Gasgewinnung in der nächsten Zukunft in Algerien aus, da es auch zur Erschöpfung der algerischen Gasvorräte kommen könnte. Trotzdem wäre die Trans-Sahara-Gas-
pipeline mit einer Länge von 4128 km und Kapazitäten von
20 bis 30 Mrd. Kubikmetern im Jahr für die russischen Gaslieferungen nach Südeuropa immer noch eine ernst zu nehmende Konkurrenz. Nach der ursprünglichen Planung
sollte diese Gasleitung von Niger über Algerien nach Europa
führen. Das Abkommen darüber wurde bereits 2009 in
Abudaja von Niger, Nigeria und Algerien unterzeichnet.

---

[1] www.ng.ru/ng.energiya/2017-05-16/12_6988_algeria.html

Sonatrach und Nigerian National Petroleum Corporation haben an diesem Vorhaben einen Anteil von insgesamt 90 %, während 10 % der Regierung von Niger gehören. Wegen der hohen Kosten und der komplizierten politischen Lage in der Region ist es jedoch bisher nicht zum Bau gekommen. Aber auch der russische Gazprom-Konzern beteiligt sich an der Suche nach Gasvorkommen in Algerien. An dieser Stelle eröffnen sich weitere Probleme des algerischen Gasexports. Russischen Experten zufolge sind bis zu 66 % des Territoriums Algeriens bisher nicht ausreichend erschlossen und eine entsprechende Infrastruktur fehlt vollkommen, was wiederum jede geologische Forschung erschwert. Die Zahl der Bohrbrunnen beträgt in Algerien lediglich weniger als 10, während in den Entwicklungsländern 50 und in den hoch industrialisierten Ländern 100 auf 10 Quadratkilometer kommen. Die relativ geringen Investitionen der ausländischen Firmen im algerischen Gassektor lassen sich aber nicht nur durch Fehlen der Infrastruktur, sondern auch durch die allgemeine Gesetzgebung, die Risiken der politischen Instabilität und durch moslemische radikale Bestrebungen erklären. Besonders interessant für die weitere politische und wirtschaftliche Entwicklung des afrikanischen Kontinents ist die Abkommensunterzeichnung mit Nigeria über eine Pipeline mit einer Länge von 5660 km während des offiziellen Besuchs des marokkanischen Präsidenten Muhammadu Buhari in Rabat, die sowohl auf dem Festland als auch im Ozean verlegt werden soll (Abb. 6.2). „Mit dieser Vereinbarung hat Marokko einen großen Schritt für seine ökonomische Stärke in Afrika und die Verwirklichung seiner ehrgeizigen Pläne in der Gasindustrie getan", meint dazu die Publikation *The Arab Weekly*. Diese am 10. Juni 2018 in Rabat vom marokkani-

Abb. 6.2 Partnerschaft für wirtschaftlichen Aufschwung: Nigeria – Marokko. (Quelle: Michail Mitin)

schen König Mohammed VI. unterzeichnete Pipelinevereinbarung mit Nigeria wurde gemeinsam mit zwei weiteren Abkommen über die Phosphatproduktion und Ausbildung für Landarbeiter verabschiedet. Experten sehen in dieser Partnerschaft zwischen Marokko und Nigeria das Modell für eine erfolgversprechende Süd-Süd-Kooperation in Afrika in bedeutenden politischen und strategischen Dimensionen.

Khaled Sharqawi al-Sam-mouni, Direktor des Rabat-Zentrums für politische und strategische Studien, schätzte ein, dass gerade diese Abkommen die bilateralen Wirtschaftsbeziehungen zwischen beiden Ländern stärken und so auch die formelle Umsetzung der Vereinbarungen während des Besuches des marokkanischen Königs in Abuja im Dezember des Jahres 2016 bedeutet. Das Gaspipelineprojekt sei das wichtigste der drei Abkommen zwischen Nigeria und Marokko. Beobachter qualifizieren sie als die größte Investition und betrachten das Vorhaben als einen für beide Länder signifikanten wirtschaftlichen Glücksfall, wenn es in Betrieb genommen wird. Das Projekt ist das erste seiner Art in der Region und wird zu einer stärkeren wirtschaftlichen Integration führen und die Elektrifizierungsprojekte in allen von der Pipeline durchzogenen Regionen beschleunigen. Fachleute aus beiden Ländern heben besonders hervor, dass aus wirtschaftlichen, politischen, rechtlichen und Sicherheitsgründen die Wahl auf eine kombinierte Onshore- und Offshore-Route für die Pipeline getroffen wurde, die in Abhängigkeit von den Bedürfnissen der beteiligten Länder in den nächsten 25 Jahren schrittweise fertiggestellt wird. In erster Linie wird das die Wirtschaftsgemeinschaft westafrikanischer Staaten und potenzielle europäische Kunden betreffen, aber auch große Anstrengungen für Verhandlungen mit internationalen Entwicklungsbanken und die Schaffung rechtlicher Grundlagen erfordern. Die über die Finanzierung durch die Sovereign Wealth Funds – Marokkos Ithmar Capital und Nigeria Sovereign Investment Authority laufenden gemeinsamen Vorhaben widerspiegeln die Visionen König Mohammed VI. für einen afrikanischen Kontinent „der die Kontrolle über sein Schicksal ausübt", sagte Tarik

Senhaji, CEO von Ithmar Capital, der Afrika vor allem als großes wirtschaftliches Potenzial mit seinen einzigartigen Investitionsmöglichkeiten einschätzt. Auch Nigeria Sovereign Investment Authority CEO Uche Orji sieht in der marokkanisch-nigerianischen Partnerschaft eine perfekte Verbindung von Investitionen- und Entwicklungsinitiativen. Das gemeinsame Vorhaben wird in der Praxis zeigen, wie sich Marokko erfolgreich bereits seit seinem Wiedereintritt in die Afrikanische Union im Januar 2017 vor allem beim Aufbau kooperativer Beziehungen mit vielen afrikanischen Ländern diplomatisch engagiert.[2] Schon im Dezember 2016 wurde während des Besuches Mohammed VI. im Dezember 2016 in Abuja als Alternative zu der Trans-Sahara-Gasleitung eine Untersee-Pipeline auf dem Ozeanboden des Atlantischen Ozeans entlang Westafrikas in Betracht gezogen Diese Unterseegasleitung würde jedoch die Risiken für eine Pipeline über mehrere Länder Afrikas durch kriegerische Auseinandersetzungen und mögliche terroristische Gruppen vermindern. Einige Länder verfügen mit der Westafrikanischen Leitung für den Transport von Naturgas aus Nigeria nach Benin, Togo und Ghana – deren Bau mehr als 20 Jahre dauerte – bereits über Erfahrungen mit Unterseegasleitungen.[3] Sicher muss davon ausgegangen werden, dass bei einer erfolgreichen Durchführung des Projektes auch an künftige Möglichkeiten für den weiteren Ausbau der Gasleitungen nach Europa gedacht wird.

---

[2] https://thearabweekly.com/morocco-signs-gas-peline-deal-nigeria

[3] https://thearabweekly.com/morocco-signs-gas-peline-deal-nigeria

7

Erdgasgroßmacht Katar

Im Aufkommen von verflüssigtem Erdgas (Liquefied Natural Gas = LNG), das leistungsunabhängig transportiert werden kann, sehen viele eine Möglichkeit, die gegenseitige Abhängigkeit von Produzenten und Konsumenten zu verringern und die Chance, dass sich so ein veritabler Gas-Weltmarkt entwickelt. Betrug der Anteil von LNG 2007 noch 7 %, so wird er nach Einschätzung von BP bis 2035 von 35 im Jahr 2016 auf 51 % ansteigen. Auch Europa sieht im LNG eine der Grundlagen der Energiesicherheit und erwartet, dass sich der europäische Markt angesichts der wachsenden Abhängigkeit in der Versorgung von 50 im Jahre 2015 bis auf 70 % 2035 weiter vergrößern wird.[1]

---

[1] www.vostockcapital.com/spg/tendentsii-spg-ryinka

© Springer Fachmedien Wiesbaden GmbH,
ein Teil von Springer Nature 2018
O. Nikiforov, G.-E. Hackemesser, *Die Schlacht um Europas Gasmarkt*,
https://doi.org/10.1007/978-3-658-22155-3_7

Das relativ kleine Scheichtum Katar besitzt über 13 % der Weltreserven und zählt zu den wichtigsten Gasversorgern. Direkt unter dem Meeresgrund liegt dort das North-Gas-Field, das mit 381.000 Mrd. Kubikfuß das größte Erdgasfeld der Welt ist. Gleichfalls vor der Küste des Persischen Golfes erstreckt sich das South-Pars-Gasfield, das Katar und der Iran für sich beanspruchen (Abb. 7.1).

Das Unternehmen Qatar Petrol gibt an, dass in Katar Gasvorräte der Größe von insgesamt 25,5 Billionen Kubikmeter zur Verfügung stehen. Besonders in den letzten Jahren erarbeitete sich das Emirat eine weltweit führende Rolle in der Gasverarbeitung und im Export. Bedeutendes Zentrum dafür ist die 80 km nördlich von Doha 1997 entstandene Ras Laffan Industrial City mit zwei großen

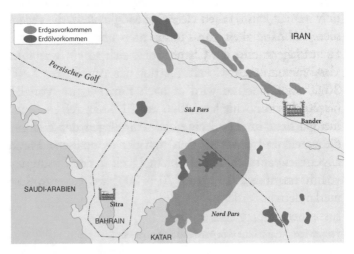

Abb. 7.1 Das größte Gasfeld der Welt – South-Pars – wird von Katar und dem Iran beansprucht. (Quelle: Michail Mitin)

Unternehmen. Über eine moderne Erdgasverflüssigungs-anlage wird hier der wirtschaftliche Transport des LNG in die ganze Welt organisiert. Bisher hat Katar allein 2016 mit mehr als 77 Mio. Tonnen LNG rund 30 % der gesamten Fördermenge exportiert. Seine Transportprobleme löst das Land, indem das Gas auf minus 162 °C heruntergekühlt und dann mit Schiffen zu den Terminals in Europa oder Asien gebracht wird. Dort erfolgt wieder die Umwand-lung in Erdgas, das dann in die vorhandenen Netze geleitet oder direkt als Kraftstoff für Schiffe, schwere Lkw oder zur Stromerzeugung verwendet wird.

Aufgrund neu entdeckter Vorkommen und der steigen-den Nachfrage entwickelte sich Katar seit dem Jahre 2006 zum weltgrößten Flüssiggasexporteur für Kunden in über 20 Ländern, vor allem auch für die arabischen Golfstaa-ten. Heute zählen in Europa nach der BP Statistical Review of World Energy Analyse (2017) die Länder Großbritan-nien, Italien, Belgien, Spanien, Türkei und Frankreich zu Hauptabnehmern von Flüssiggas aus Katar. Neu erforschte Vorkommen, die wachsende Nachfrage nach Gas, die Schaffung moderner technischer Voraussetzungen in der Gasverflüssigung von Ende 1990 bis Anfang 2000 sowie die Nachrüstung der gasverarbeitenden Industrie waren die Voraussetzung für die wachsende Bedeutung Katars als LNG-Lieferant.

Interessant ist, dass es bei den katarischen Gasabneh-merländern außerdem besonders hohe Steigerungsraten bei russischem Pipelinegas gibt. Dieser steigende Bedarf steht vor allem mit der Erschöpfung der europäischen eigenen Reserven, den kalten Wintern und – natürlich – mit den durchaus konkurrenzfähigen Preisen im Zusammenhang.

Das gilt auch für Deutschland, das großes Interesse an
Katar-Gas zeigt. Auf einer Pressekonferenz mit dem Emir
von Katar, Scheich Al-Thani, in Berlin am 17. September 2014 sagte die deutsche Bundeskanzlerin Angelika
Merkel: „Was die Zusammenarbeit mit den Mitgliedstaaten der Europäischen Union anbelangt, wird Katar in den
nächsten Jahren mit Sicherheit eine zunehmend wichtige
Rolle spielen. Deutschland hat eine Vielzahl von Angeboten im Bereich der Infrastruktur zu bieten. Hier sind unsere
Firmen an vielen Aufträgen interessiert. Katar hat ja noch
eine rasante Entwicklung vor sich. Ich glaube und habe
auch noch einmal darauf hingewiesen, dass Deutschland
insbesondere wenn es um Umwelttechnologien, um ener-
gieeffiziente und erneuerbare Energien geht – also auch um
die Vorbereitung für die Zukunft nach der Zeit des Gases
und des Erdöls –, ein langfristig guter Partner sein kann".[2]

Nach Angaben der Internationalen Group of Liquefied
Natural Gas drängt sich natürlich bei dieser Betrachtung die
Frage auf, ob Katar möglicherweise Russland als den wichtigsten Gasversorger Europas ersetzen könnte. Dazu muss
beachtet werden, dass nach den Angaben des heutigen katarischen Energie- und Industrieministers Mohammed Saleh
Al Sada die Lieferungen von LNG nach Japan, Indien,
Südkorea und China allein schon ca. 75 % des Exports
des Landes ausmachen (Al-Watan, 14.08.2017). Katar ist
außerdem nach dem Misserfolg der 100-Tage-Blockade
seiner arabischen Nachbarländer wegen seiner Annähe-
rung an den Iran, ein zunehmend wichtiger Erdgaslieferant

---

[2] www.bundeskanzlerin.de.2014/09

für die Staaten des Persischen Golfes. Das neue Programm Katars sieht auch aus diesen Gründen eine Erhöhung der LNG-Produktion von 77 auf 100 Mio. Tonnen im Jahr vor. Der in Fachkreisen sehr bekannte russische Nahost-Experte in Gasfragen, Eldar Kasaew, nannte deshalb vor allem die Auffassung des Ministers Mohammed Saleh Al Sada, der die Europäische Union im Frühjahr 2017 als einen in Zukunft sehr aussichtsvollen LNG-Markt besonders hervorhob.[3]

Gegenwärtig beträgt die Gesamtkapazität der Terminale zur Gaswiederverdichtung in Europa ca. 220 Mrd. Kubikmeter. Ein Problem ist aber, dass diese Möglichkeiten nur zu 23 bis 25 % genutzt werden und sich nicht an den von Katar dringend benötigten bevorzugten Standorten, z. B. in den Hafenanlagen der Mittelmeerländer, befinden. Die Bedeutung der Terminals zur Gaswiederverdichtung in Europa ist aber auch eng mit der Energiesicherheit Europas – einer bisher hypothetischen Frage – und der möglichen totalen Unterbrechung der Gaslieferungen, z. B. seitens Russland, verbunden. Das heißt einerseits die Notwendigkeit hoher Investitionen für den Ausbau von Importterminals in Europa und andererseits die Erweiterung der Infrastruktur der Gaspipeline zwischen den EU-Ländern und den dafür notwendigen Gasspeichern. Die Versorgung für bisher einige wenige deutsche Verbraucher mit Erdgas aus Katar läuft deshalb über Rotterdam, da Deutschland noch nicht über eigene Terminals verfügt. Große Chancen für höhere LNG-Lieferungen nach Europa sieht das Scheichtum in erster Linie

---

[3] http://www.ng.ru/ng_energiya/2017-06-20/12_7011_katar.html

in Polen. Nach den Angaben von BP Statistical Review of World Energy 2017 hat Polen in den letzten 5 Jahren jährlich durchschnittlich 4,12 Mrd. Kubikmeter selbst gewonnen und 16,62 Mrd. Kubikmeter verbraucht. Insgesamt 11,07 Mrd. Kubikmeter Erdgas kamen dazu 2016 von Gazprom-Export aus Russland, der andere Teil aus Norwegen und im Juni des Jahres zum ersten Mal aus Katar. Dieses Gas ist natürlich schon aufgrund der Entfernung der Lieferanten teurer als russisches Pipelinegas. Dennoch soll LNG aus Katar künftig bevorzugt werden, um die volle Unabhängigkeit in der Gasversorgung von Russland zu erreichen. Ein im Jahr 2022 auslaufender Vertrag soll aus diesen Gründen nicht verlängert werden. Sicher ist die Position Polens und anderer ost- und westeuropäischer Staaten den Ereignissen des Winters 2008/2009 geschuldet. Damals kam wegen des Lieferverträgekonfliktes zwischen Moskau und Kiew plötzlich gar kein russisches Gas mehr durch die ukrainische Pipeline. Seitdem gibt es deshalb gerade in Osteuropa die Befürchtung, dass sich ein solches Szenario wiederholen könnte. Osteuropäische Länder, wie z. B. Polen und die baltischen Staaten, befürchten, dass Russland die Gaslieferungen als Waffe benutzt, um Druck auf diese Länder auszuüben. Dem Beispiel Polens wollen deshalb auch die baltischen Staaten folgen und aus diesen politischen Gründen auf das im Vergleich zu Katar billigere russische Gas verzichten. Litauen nutzte noch 2014 Gazprom als einzigen Lieferanten. Um aber künftig von russischem Gas unabhängig zu sein, wurde von der SC Klaipedos Nafta ein schwimmendes Flüssiggasterminal der norwegischen Reederei Hoegh in Klaipeda geleast. Dieses Schiff aus einer koreanischen Werft absolvierte bereits sehr erfolgreich seine Erprobungsfahrten.

Für die Position Polens und der baltischen Staaten gibt es verschiedene Gründe. Der frühere polnische Ministerpräsident Donald Tusk wird in der FAZ vom 31. März 2014 mit der Meinung zitiert, „dass Deutschlands Abhängigkeit von russischem Gas Europas Souveränität verringern könnte".[4] Die FAZ schreibt dazu weiter, dass sich in Tusks Worten zwar sein Widerstand gegen die ambitionierte deutsche Klimapolitik und sein Interesse, an der Förderung heimischer Kohle festzuhalten zeigt, doch käme in seinen Äußerungen auch der Ärger über die Nord-Stream-Pipeline zum Ausdruck. Diese polnische Position hat sich seither nicht geändert, obwohl Tusk bereits seit längerer Zeit in einer EU-Position in Brüssel tätig ist. Klar ist auch, dass Polen auf diese politische Weise seine wirtschaftlichen Interessen verteidigen wollte.

Besonders interessant ist in diesem Zusammenhang auch die Haltung der baltischen Staaten. In einem Beitrag des Deutschlandfunks unter dem Titel „Schwierige Nachbarn im Osten" wurde über die Unabhängigkeit der drei baltischen Staaten Anfang 1990 berichtet, wo es ein Jahr später zu Auseinandersetzungen mit Gegnern der Unabhängigkeit kam, denen die Esten, Letten und Litauer weitestgehend gewaltlosen Widerstand entgegensetzten – und Sieger blieben. Doch seit der Ukraine-Krise und der Krim-Annexion wird Russland von der Mehrheit der Balten als immer größere Bedrohung – von außen wie von innen – wahrgenommen. Das zeigt sich vor allem in Estland und Lettland

---

[4] http://www.faz.net/aktuell/politik/inland/energieabhaengigkeit-von-russland-die-deutschen-und-das-russische-gas-12871459.html

im Umgang mit den bis zu 30 % der Bevölkerung ausma-
chenden russischstämmigen Minderheiten.[5]

Ängste der Balten gegenüber Russland werden aber auch
von Politikern in den baltischen Staaten und in den USA
benutzt, um den russischen wirtschaftlichen Einfluss einzu-
schränken, um eigene Geschäfte zu machen. Dazu zählt aber
vor allem auch der weltweit wichtige Gaslieferant Katar, der
bisher die Hauptmenge an LNG in erster Linie nach Asien
lieferte, wo die Preise höher lagen als in Europa. Der russische Experte Eldar Kasaew weist in diesem Zusammenhang besonders darauf hin, dass Katar vor allem nach dem
derzeit äußerst intensiven Erdgasabbau von Nord-Pars in
den Jahren 2022 bis 2024, seinen Gasexport enorm erweitern wird. Das wiederum könnte Russlands Gaslieferungen
nach Europa schon gefährden.

Der möglichen Ausweitung der Förderung im Persischen
Golf und im Mittelmeer steht allerdings die heutige Politik
der israelischen Regierung gegenüber. So schreibt die russische Informationsagentur „Rossaprimavera" am 19. November 2017, dass der israelische Verteidigungsminister Avigdor
Lieberman zur Bildung eines neuen politisch-militärischen
Bündnisses gegen den Iran aufgerufen hat.[6] Der Militär-
experte der Moskauer „*Gaseta*" Alexander Charkowski
schreibt dazu, dass iranische Militärs keine Absicht haben,
Syrien nach dem Ende des Kampfes mit dem IS zu verlassen und zusammen mit schiitischen Verbänden militärische

---

[5] http://www.deutschlandfunk.de/angst-der-balten-vor-russland-schwieri-ger-nachbar-im-osten.724.de.html?dram:article_id=390589

[6] https://rossaprimavera.ru/news/39f69d75

Basen in einer Entfernung von 30 km von der israelischen Grenze bilden. Israel selbst empfindet das für seine Sicherheit als sehr gefährlich. Ein Koalitionskrieg gegen den Iran, den Nahen Osten und Teile Zentralasiens könnte unter Umständen aber auch auf weitere nah liegende Regionen übergreifen und Syrien und den Irak erneut in einen Bürgerkrieg ziehen. Das aber würde die Gaslieferungen aus dem Nahen Osten gefährden und die weitergehenden Pläne sogar der kaspischen und zentralasiatischen Länder bezüglich des Ausbaus ihrer Gasreserven stoppen.[7]

Sicher spielen die geopolitischen Auseinandersetzungen in dieser Region eine besondere Rolle, die weitgehend die Möglichkeit der Gaslieferanten – in erster Linie Katar und den Iran – beeinflussen können. So spricht der militärische Experte Generaloberst AD Wladimir Popow in der *Nesawissimaja Gaseta* am 19. Februar 2018 in einem Artikel unter dem Titel „Russland verliert Kontrolle über den Nord-Osten Syriens" davon, dass heute eine Formierung des militärischen Bündnisses zwischen den USA und der Türkei im Gang ist.[8] Er begründet seine Meinung mit dem jüngsten Einmarsch der türkischen Streitkräfte im Norden Syriens gegen die Kurden, dem Bombardement der US-Luftwaffe und mit den Einheiten einer dort unter dem Namen „Wagner" agierenden russischen privaten Söldnertruppe. Das Kampffeld in Syrien ist besonders schwer zu durchschauen, weil sich dort außer den Soldaten des Assad-Regimes, die von der russischen Armee

---

[7] http://www.ng.ru/world/2018-04-09/6_7209_siria.html

[8] http://www.ng.ru/world/2018-02-19/1_7175_siria.html

unterstützt werden, auch US-Streitkräfte, Israelis, Türken, Iraner, schiitische Einheiten, einige europäische Vertreter sowie Kurden, Islamisten aller Schattierungen, private Armeeteile und Stämme vor Ort bekämpfen. Dabei kommt es auch zu kurzfristigen Koalitionen, deren Zukunft nur schwer vorausgesagt werden kann. Das schafft nach der Meinung dieses russischen Militärexperten dennoch Voraussetzungen für den Transport von Kohlenwasserstoffen aus Arabien über die Türkei weiter nach Europa und die türkisch besetzten Territorien Syriens, was den Bau der Turkish-Stream fast unnötig macht. Es wird sogar vermutet, dass die Anwesenheit der russischen Truppen in Syrien mit der Realisierung der Gasprojekte in Südeuropa im Zusammenhang steht. Das Problem der Gaslieferungen über syrische Leitungen hat bereits eine lange Geschichte, denn vom heutigen Standpunkt aus können nur Katar und Iran Gas nach Europa über dieses Land liefern. Eine weitverbreitete Version behauptet, dass der syrische Präsident Assad noch 2009 den Bau einer solchen Pipeline aus Katar abgelehnt hat. Stattdessen bekundete er 2012 in einem Memorandum mit dem Iran seine Absichten, den Transit von iranischem Gas nach Europa über Syrien und den Irak zu organisieren. Dazu wurde u. a. der Bau einer Anlage für die Verflüssigung von Gas an der Mittelmeerküste vorgesehen. Damals existierte bereits das katar-türkische Projekt einer Leitung von dem Vorkommen North- bzw. South-Pars über türkisches Territorium bis zur Mündung in die Nabucco-Pipeline, das bekanntlich nicht realisiert wurde. Dazu schreibt die österreichische Zeitung *Die Presse* am 11. Juni 2015, dass die europäische Pipeline, die Gas aus dem Kaspischen Raum über die Türkei und den Balkan nach Wien transportieren sollte, um die Abhängigkeit von russischen Gasimporten zu verringern, im Jahr 2013 offiziell beerdigt wurde. Zwei Jahre später mehrten sich die Anzeichen, dass der Abgesang verfrüht war. Wie die *Die Presse* in Erfahrung gebracht haben will, wird an einer „neuen Nabucco" gebastelt. Allerdings mit einem riesigen Unterschied: Statt aus dem Kaspischen Raum soll sie russisches Gas und später auch iranisches Gas über die Türkei befördern. Einer der Stränge sollte dazu über Saudi-Arabien, Jordanien und Syrien laufen, ein anderer zusätzlich über Kuweit und den Irak.[9]

Im Februar 2016 machte Robert F. Kennedy Jr. in einem analytischen Artikel für die Onlinezeitschrift *Politico* unter dem Titel „Der Regime-Change war lange geplant und ist typisch für US-Interessen im Nahen Osten" kein Hehl daraus, dass der Krieg in Syrien nur zu verstehen sei, wenn man ihn als „Energie-Krieg" begreift und ihn im Kontext mit den geopolitischen Interessen der USA und Russlands sowie der Regionalmächte betrachtet.[10] Damit schließt er sich der Sichtweise des Kolumnisten Thomas Pany an, der diese Ansicht gleichfalls am 26. Februar 2016 im Onlinemagazin *Telepolis* in seinem Artikel „Syrien: ein Krieg aus energiepolitischen Gründen" vertrat.[11]

---

[9] https://diepresse.com/home/wirtschaft/energie/4752601/OMV-bastelt-eine-russische-NabuccoPipeline

[10] https://www.politico.com/magazine/story/2016/02/rfk-jr-why-arabs-dont-trust-america-213601

[11] https://www.heise.de/tp/features/Syrien-Ein-Krieg-aus-energiepolitischen-Gruenden-3378589.html?seite=all

Bemerkenswert in diesem Zusammenhang ist auch die Auffassung des aus Brasilien stammenden Kolumnisten Pepe Escobar für Asia Times Online (RT, Sputnik News, Press TV, AlJazerra) in *Strateging Culture Foundation* über „Syria Ultimate Pipelineistan War" vom 7. Dezember 2015:

> Dezember 2015, in der er für den geopolitischen Wettbewerb zwischen zwei Pipelines den ultimativen Begriff „Pipeline-Krieg" wiederholt, den er vor langer Zeit für die imperialen Energiekampffelder des 21.Jahrhunderts geprägt hatte.[12]

Der erwähnte Kolumnist Tomas Pany zitiert in seinem Artikel vom 26. Februar 2016 Escobar mit der Feststellung „dass die angedachte Pipeline von dem katarischen Vorkommen im North-Field – angrenzend an das South-Pars-Gasfield im Iran – über Saudi-Arabien, Jordanien und Syrien in die Türkei führen sollte, um die Europäische Union mit Erdgas zu versorgen. Die syrische Regierung entschied sich dagegen und angeblich für das Konkurrenzprojekt einer Pipeline vom Iran nach Syrien über den Irak.

Wie Thomas Pany in Onlinemagazin bemerkt, wurde dieser Deal laut Escobar bereits im Juli 2011 verkündet, als die syrische Tragödie schon begonnen hatte. Mit der Unterzeichnung dieser Absichtserklärung 2012 durch die syrische und iranische Regierung (Memorandum of Understanding) zeige sich ein geostrategisches Problem für Washington. Nach dem Onlinemagazin ging es für Washington darum, den Bruch der Allianzen zwischen Teheran, Damaskus und

---

[12] https://www.strategic-culture.org/news/2015/12/07/syria-ultimate-pipelineistan-war.html

Russland, Iran, Irak und Syrien zu fördern. Daraus, betont Thomas Pany, resultiere dann die Logik des „Imperiums des Chaos", die nach Syrien hineingetragen und indem der innere Konflikt dort kräftig geschürt wurde. Dem zugrunde liege eine vorbereitete gemeinsame Operation zwischen dem CIA, Saudi-Arabien und Katar. Im Onlinemagazin *Telepolis* wird versucht, die Akzente zwischen Robert F. Kennedy Jr. und Escobar zu analysieren. Im Gegensatz zu Escobar, der mehr die Türkei sieht, hat Kennedy Saudi-Arabien im Focus. Die Pipeline aus Katar hätte seiner Auffassung nach, den saudischen Einfluss in Syrien stark vergrößert und dem Land einen beträchtlichen Fortschritt in der Konkurrenz zum Iran verschafft. In diesem Zusammenhang wird auch eine weitere wichtige Verbindung erwähnt. So begann laut Robert F. Kennedy der CIA bereits kurz nach der Ablehnung der Katar-Pipeline 2009, wie WikiLeaks-Dokumente beweisen, mit der Unterstützung von oppositionellen Gruppen in Syrien.

Als Kronzeugen für die CIA-Unterstützung der syrischen Milizen, die allesamt mit al-Qaida auf die ein oder andere Art verflochten sind – eine Erkenntnis die sich inzwischen sogar auch bei der New York Times durchsetzt, – führt Kennedy in seinem Artikel in Politico,[13] eine Rede des US-Ministers Kerrys vor dem Kongress an, der das Interesse der saudischen und der katarischen Partner am Umsturz dokumentiert („Wir zahlen alles").[14]

---

[13] https://www.politico.com/magazine/story/2016/02/rfk-jr-why-arabs-dont-trust-america-213601?o=1

[14] https://www.politico.com/magazine/story/2016/02/rfk-jr-why-arabs-dont-trust-america-213601

Über die direkte Zusammenarbeit des CIA mit diesen Ländern ist in Recherchen des Amerikaners Seymour Hershs nachzulesen.[15]

Die erwähnten Analysen solcher Experten wie Robert F. Kennedy, Pepe Escobar und Thomas Pany sind für das politische Gesamtverständnis besonders wichtig, weil sie auch die Rolle der US-Geheimdienste im syrischen Konflikt beleuchten. Russland verteidigt in Syrien im Zusammenhang mit der Belieferung des südeuropäischen Teiles in erster Linie auch seine wirtschaftlichen Interessen in der EU. Aber auch geopolitische Auffassungen spielen hier eine gewisse Rolle, weil der syrische Konflikt Russland erlaubt, mit den verschiedenen am Konflikt beteiligten Staaten Türkei, Saudi-Arabien und Iran aus der immer weiter wachsenden politischen und wirtschaftlichen Isolation wegzukommen. Es gibt auch eine ganze Reihe unterschiedlicher Auffassungen zu diesem Thema. Einer der bekanntesten Nahost-Experten des Chatham House (the Royal Institute of International Affairs) Butter, meint z. B. in seinem Beitrag „Russia's Syria Intervention is Not All About Gas" für die Carnegy Stiftung vom 19. November 2015[16], dass die Bedeutung Syriens für den russischen Gasexport überbewertet sei. Dabei stützt er sich auf andere Szenarien. Einmal gehören dazu die Verlegung der Gaspipeline aus Katar und der Türkei und weiter nach Europa über Saudi-Arabien, Jordanien und Syrien sowie die Gaspipeline aus dem Iran

---

[15] https://www.lrb.co.uk/v36/n08/seymour-m-hersh/the-red-line-and-the-rat-line

[16] http://carnegieendowment.org/sada/62036

über den Irak und Syrien sowie der Abbau von syrischen Gasvorkommen im Mittelmeer. Was das Vorhaben Katar anbelangt, ist Butter ziemlich skeptisch, weil mögliche katarische Lieferungen über die Nabucco-Pipeline noch 2009 bis 2010 diskutiert wurden. So wurde damals auch behauptet (u. a. von oben genannten Experten), dass das Projekt der Gaspipeline aus Katar in die Türkei nur auf den Wiederstand von Assad gestoßen sei, weil Russland angeblich dahinterstand. Nach Butters Meinung gibt es dafür jedoch die einfache Erklärung, dass Katar ab 2005 keine neuen Gasfelder erschließen wollte. Katar hätte sich auch geweigert, die Gaspipeline Dolphin in die Vereinigten Arabischen Emirate und den Oman zu erweitern, solange die Nachbarn einer Gaspreiserhöhung nicht zustimmen. Die Idee einer neuen Pipeline nach Kuweit stieß seinerzeit auch auf den Widerstand von Saudi-Arabien. Butter meint dazu, dass der LNG-Handel für Katar mehr Freiraum schafft, als der Bau der Pipeline, die über viele Länder nach Europa verlaufen sollte. Es sei absurd, hinter der syrischen Krise den Iran zu vermuten und begründet es damit, dass dieses Land sowohl wichtigster Lieferant als auch größter Gasverbraucher im Nahen Osten ist. Der Iran liefert nach seinen Angaben je 10 Mrd. Kubikmeter Gas für den Eigenverbrauch und in die Türkei und bekommt die gleiche Menge aus Turkmenistan. Diese Lieferungen wurden dann von Aschchabad wegen Preisstreitigkeiten mit dem Iran beendet. Einstige Partner sollten so gezwungen werden, die Pipeline zwischen den eigenen Süd- und Nordregionen zu verlegen. Die neuen Pläne für den LNG-Transport, wie auch die Verlegung der Gaspipeline nach Pakistan und Indien wurden bisher jedoch noch nicht realisiert.

Nach Butters Meinung sei die Lieferung über den Irak und Syrien für den Iran sinnlos, weil es bequemer wäre, Verflüssigungsanlagen auf dem iranischen Territorium zu bauen. Andernfalls bestünde aber auch die Möglichkeit, die Lieferungen in die Türkei zu vergrößern. Eine weitere Problematik ergab sich laut Butter, aus den angekündigten angeblich neuen Gasvorkommen in Syrien selbst. So suchte die russische Firma Strojtransgas bereits seit 2000 im syrischen Teil des Mittelmeeres nach Gas. Im September 2015, einen Tag vor Beginn der russischen Bombardierung, wurde diese Suche aufgegeben. Butter zweifelt daran, dass es dort überhaupt Gasvorkommen gibt und wenn, wären sie z. B. nur unter Schwierigkeiten und Problemen mit den Zuständigen für den israelischen Teil des Mittelmeeres abzubauen. Auch deshalb sei Syrien für die europäischen Gazprom-Pläne keine Gefahr. Zu berücksichtigen ist auch, dass der Beitrag Butters aus dem Jahre 2015 stammt, als auf dem Gasmarkt eine durch die US-Schiefergasrevolution und die wirtschaftliche Flaute hervorgerufene Überproduktion aktuell war. Die gegenwärtige Nachfrage könnte die alten Projekte und Pläne in neuen Formen wiederbeleben.[17] Zum Beispiel, wenn Katar zur Vermeidung einer politischen Isolation in der Region versuchen würde, neue Projekte, wie die Gründung eines Sicherheitssystems für die Golf-Region, ähnlich der heutigen OSCE zu beginnen.[18]

---

[17] carnegieendowment.org/sada/62036

[18] http://www.iarex.ru/articles/55886.html

In einem Kommentar für das *Handelsblatt* schrieb der katarische Außenminister, dass der Golfstaat auf eine „Europäische Union" des Nahen Osten setzt. Sein Land hofft, dass ein Zusammenschluss der sechs arabischen Staaten den Handel untereinander verbessert – und Konflikte auf diese Weise beigelegt werden können.[19] In einem Beitrag in *Freiheitsliebe*[20] Katar wird der Aufbau einer gemeinsamen Sicherheitsarchitektur für den Nahen Osten zur Überwindung von Feindschaften durch Kooperation in der Region gefordert. „Wir können wie die Europäische Union für den Wiederaufbau und den Wohlstand eine gemeinsame Basis finden", erklärt der katarische Emir, Scheich Tamim bin Hamad Al-Thani. Die Staaten im Nahen und Mittleren Osten sollten ihre Differenzen hinter sich lassen und einen Sicherheitspakt nach ihrem Vorbild schmieden, Dazu forderte der Emir die internationale Gemeinschaft auf, den diplomatischen Druck auf die betroffenen Länder in dieser Richtung aufrechtzuerhalten. Er glaubt, dass es Zeit ist für eine großangelegte regionale Sicherheitsinitiative im Nahen Osten und dass alle Nationen der Region, einschließlich Katars, die Vergangenheit hinter sich lassen und sich auf fundamentale Sicherheitsgrundsätze, entsprechende Regelwerke und ein Mindestmaß an Sicherheit einigen müssen, um so Frieden und Wohlstand zu ermöglichen", sagte Scheich Tamim bin Hamad Al-Thani auf

---

[19] http://www.handelsblatt.com/meinung/gastbeitraege/kommentar-des-aussenministers-von-katar-golfstaat-setzt-auf-eine-eu-des-nahen-ostens/20965362.html

[20] https://diefreiheitsliebe.de/politik/katar-fordert-sicherheitspakt-fuer-den-nahen-osten-nach-vorbild-der-eu

der vom 16. bis 18. Februar 2018 in München tagenden Sicherheitskonferenz.[21]

Diese Initiative wurde auch durch den iranischen Außenminister prinzipiell unterstützt. Ihr Hauptinhalt – die Suche nach einer allgemeinen Friedensregelung für die Golfstaaten – ist eine wesentliche Voraussetzung für die Vertiefung der wirtschaftlichen Zusammenarbeit auch im Gasbereich.[22] Gerade sie ist besonders wichtig, da die saudischen Erdgasunternehmen laut der Agentur Bloomberg – Saudi-Arabien verbraucht seine 110 Mrd. Kubikmeter im Jahr bisher selbst – sogar eine Verdopplung der Gasproduktion im Verlauf der nächsten 10 Jahre planen. Heute sind sowohl russische als auch US-Firmen an LNG-Lieferungen nach Saudi-Arabien interessiert. So berichtet die Dezember-Ausgabe von *The National* im Artikel „Saudis Arabias gas hunt" (24.12.2017)[23], dass das Königsreich zwar an die Länder mit den größten globalen Gasreserven grenzt, politische Probleme es aber unmöglich machen, Gas aus Katar oder dem Iran zu importieren. Der Chef von Qatar Petrolium, Saad al Kaabi, berichtete in einem Interview mit der *The Middle East Economic Survey*, dass er während seines Besuches im Februar 2017 beim staatlichen Ölriesen Saudi Aramco über Gasexporte diskutiert habe. Das anschließende Embargo von Saudi-Arabien gegenüber den

---

[21] http://www.handelsblatt.com/meinung/gastbeitraege/kommentar-des-aussenministers-von-katar-golfstaat-setzt-auf-eine-eu-des-nahen-ostens/20965362.html

[22] https://de.reuters.com/article/deutschland-sicherheitskonferenz-katar-16.02.2018

[23] https://www.thenational.ae/business/comment/saudi-arabia-s-gas-hunt-1.690133

Vereinigten Arabischen Emiraten und ihren Verbündeten bereitete dieser Möglichkeit aber ein jähes Ende.

Neue Initiativen von Katar könnten daher Kräfteverhältnisse in der Region vollkommen ändern. Das würde nicht nur die Möglichkeit einschließen, Gas nach Saudi-Arabien zu liefern, sondern auch in den Abbau in saudische Gasfeldern zu investieren. Heute scheint es eine Spekulation zu sein. Aber mit den jungen Generationen, die sich gegenwärtig um die künftige Macht im Königreich bewerben, könnte sich alles ändern.

Literatur

David Butter (2015) Carnegie endowment for international peace, Artikel vom 19.11.2015, http://carnegieendowment.org/sada/62036

8

Konkurrenz für Russland

Dem Transport russischen Gases in den Süden Europas durch im Bau befindliche Pipelines stehen heute einige Projekte im Wege, die sich nach ihrer Realisierung als ernste Konkurrenz erweisen könnten. Denn außer Algerien und Katar bemüht sich auch Libyen um den europäischen Gasmarkt im Süden. Das Land verfügt bereits über die eigene Gaspipeline Greenstream, die auf dem Grund des Mittelmeers nach Italien (Sizilien) verlegt wurde. Ihre Länge beträgt 540 km, sie führt von Mellitah bis zur sizilianischer Stadt Gela und gehört der libyschen National Oil Corporation sowie der italienischen Firma Eni.[1]

---

[1] https://ru.wikipedia.org/wiki/Greenstream-cite_note-entrepreneur-5

© Springer Fachmedien Wiesbaden GmbH,
ein Teil von Springer Nature 2018
O. Nikiforov, G.-E. Hackemesser, *Die Schlacht um Europas Gasmarkt*,
https://doi.org/10.1007/978-3-658-22155-3_8

Die Leitung Greenstream ist eine wichtige Voraussetzung
für die Ausbeutung der Gasvorkommen von Westlibyen
(Western Libya Gas Project), die von beiden Gesellschaften
betrieben wird. Sie ist eine der tiefsten Seepipelines der Welt
und transportiert Gasvorräte aus Bahr Essalam und Bouri
Field und Wafa Field, die nicht weit von der algerischen
Grenze in der Sahara liegen. Ihre Projektkosten betragen
6,6 Mrd. USD mit einer Kapazität von 8 bis 11 Mrd. Kubikmeter im Jahr. Gazprom wollte bereits unter dem damaligen
Gaddafi-Regime die Gaslieferungen aus Libyen kontrollieren. Der Sturz des Diktators und der nachfolgende Bürgerkrieg verschoben diese Pläne. Zu jener Zeit waren Experten
der Auffassung, dass libysches Gas, im Vergleich zu algerischen, für Europa nicht so wichtig ist.[2] Heute käme nach der
vollen Erschließung der Vorkommen North-Pars in dieser
Region nur Katar als Hauptkonkurrent für Gazprom infrage.
Diese Konkurrenz ist aber erst in einigen Jahren zu erwarten.
Inzwischen erscheint der Iran mit der Erschließung der Gasvorkommen South-Pars – an der auch die französische Erdölgesellschaft Total beteiligt ist – als ein neuer Rivale in der
Region. Dabei handelt es sich um den nördlichen Teil der
im Persischen Golf nordwestlich von Katar gelegenen Gasvorkommen North-Pars/South-Pars mit über 8 % der Weltgasreserven und 50 % der iranischen Gasvorräte. Neben der
National Iranian Oil Company unterschrieb auch die China
National Petroleum Corporation (CNPC) das Abkommen
über den Abbau dieser Vorkommen. Danach haben auch
die französische Firma Total 50,1, CNPC 30 und der Iran
19,9 % Anteil daran. Die Kosten bei einem geplanten Abbau

---

[2] http://www.ng.ru/economics/2008-07-15/1_gazprom.html?mthree=2

von fast 56,6 Mio. Kubikmeter Gas pro Tag werden auf 4 Mrd. USD geschätzt. Der Beginn des Industrieabbaus ist voraussichtlich für 2020 vorgesehen.[3]

Allerdings könnte der Transport nach Europa dann nur mit speziellen Flüssiggastankern erfolgen. Nicht ganz so bekannt sind dagegen die Exportvorhaben aus israelischen und zypriotischen Vorkommen im Mittelmeer. Dabei handelt es sich um die 2000 km lange Gaspipeline EastMed auf dem Boden des Mittelmeers vom israelischen Vorkommen Leviathan über Aphrodite in Zypern zum Ufer nahe der italienischen Stadt Brindisi. Leviathan ist mit mehr als 450 Mrd. Kubikmetern das größte seit dem Jahr 2000 entdeckteVorkommen.[4]

Im Jahr 2015 wurde von der italienischen Gesellschaft Eni nicht weit vor der ägyptischen Küste ein weiteres riesiges Gasfeld Zohr mit 850 Mrd. Kubikmetern Reserven gefunden. Die Leistung der Pipeline EastMed mit bis zu 16 Mrd. Kubikmetern Durchsatz im Jahr ist mit dem Gasvolumen vergleichbar, das Russland über eine der Pipelines von Turkish-Stream nach Europa liefern wollte. Aus europäischer Sicht hätten die Lieferungen aus Israel natürlich Vorteile gegenüber russischem Gas, weil sie eine Abhängigkeit von Russland verringern helfen. Außer der Pipeline, deren Gesamtkosten für den Infrastrukturausbau im östlichen Mittelmeer 6 Mrd. Euro betragen sollen, planen Griechenland, Israel und Zypern ein gemeinsames Stromnetz für 3 Mrd. Euro zu bauen. Beide Projekte sind von vornherein durch die israelische Gesetzgebung und dem

---

[3] http://www.ng.ru/ng_energiya/2017-12-12/9_7134_competitors.html

[4] https://ru.wikipedia.org/wiki/46

Türkei-und Zypernkonflikt mit politischen Problemen verbunden. Israel verlangt, dass die innere Gasversorgung Priorität behält. Das heißt, dass 40 % des abgebauten Gases im Land bleiben sollten. Gerade Energieträger besitzen für Israel eine strategische Bedeutung, denn nach dem Ende der Gaslieferungen aus Ägypten gab es auf diesem Gebiet große Defizite. Über dieses Problem der notwendigen Energieunabhängigkeit führen israelische Abgeordnete rege Diskussionen, die Versorgung mit Energieträgern gehört auch deshalb zur Kompetenz des Ministerium für Infrastruktur.[5] Diese Regeln können befristet werden und hängen vom Abbau der vorhandenen Gasfelder ab.[6]

Die Türkei und auch Griechenland hingegen wollen in dieser Region hauptsächlich als Drehscheibe für den Gashandel überhaupt fungieren. Doch die noch nicht endgültig geregelten Rechte für die Seegasvorkommen vor Zypern aufgrund von Grenzproblemen zwischen den Wirtschaftszonen und die Ansprüche der einzelnen Länder dieser Region auf gleiche Gasvorkommen stehen dem noch entgegen. Das betrifft auch das Levantinische Becken mit einer Fläche von 83.000 Quadratkilometern Ausdehnung, auf das Ägypten, Israel, Libanon, Syrien und Zypern Rechtsansprüche stellen. Sollten diese Probleme geregelt werden, könnte EastMed im Jahre 2025 in Betrieb gehen. Die Gasvorkommen von Ägypten, Israel und Zypern könnten zu äußerst wichtigen alternativen Gasquellen für Europa werden. Allein das Vorkommen Zohr und Leviathan hätten rein rechnerisch für die nächsten 25 bis 30 Jahre Liefermöglichkeiten für jährlich

---

[5] http://www.iimes.ru/?p=15652

[6] http://www.ng.ru/ng_energiya/2017-12-12/9_7134_competitors.html

50 Mrd. Kubikmeter. Nach Angaben der russischen Fachzeitschrift *oilcapital.ru* vom 23.03.2018[7] könnte Ägypten wegen der sinkenden Gasproduktion aus eigenen Vorkommen und seinem hohen Inlandsverbrauch selbst zu einem Importeur werden. Es ist aber auch anzunehmen, dass aus den neu abgebauten Vorkommen Zohr und Leviathan Gas außer dem europäischen Markt auch Jordanien, Palästina und Libanon beliefert werden könnten. Für Europa blieben dann allerdings nicht mehr als 20 bis 25 Mrd. Kubikmeter im Jahr übrig. Auch der Gaspreis sorgt für Probleme. Die Cosultingagency Stratas Advisors[8] spricht davon, dass die Selbstkosten der Gasgewinnung aus den Vorkommen Leviathan heute 52 USD und Zohr 157 USD je 1000 Kubikmeter betragen. Verkauft wird ägyptisches Gas dagegen für 207 bis 214 USD, wie NG-Energy für die Moskauer *Nesawissimaya Gaseta* errechnete und veröffentlichte.[9]

Das Internetportal Eurasia Daily berichtete allerdings, dass sich Ägypten wegen der sich verringernden Gasproduktion aus eigenen Vorkommen und seinem hohen Inlandsverbrauch auch noch selbst zu einem Gasimporteur verwandeln könnte.

Laut Presseangaben schätzt Gazprom die Gastransportkosten im ersten Halbjahr 2015 auf 50 USD für 1000 Kubikmeter je 100 km. Die Länge der Leitungen bis zur russischen Grenze beträgt 3200 km, die Transportkosten auf dem Territorium Russlands liegen bei etwa 31 USD je 1000 Kubikmeter. Diese Kenndaten sind für

---

[7] http://polpred.com/?ns=1&cnt=54&sector=8

[8] https://stratasadvisors.com/

[9] http://www.ng.ru/ng_energiya/2017-12-12/9_7134_competitors.html

den Vergleich der Kosten in Europa wichtig. Werden die Ausgaben für Transport, anfallende Steuern, Abgaben und Gasabbau berücksichtigt, beträgt der Selbstkostenpreis in Russland 20 USD je 1000 Kubikmeter. Aufgrund möglicher Veränderungen des USD-Kurses gegenüber dem Rubel schwankt der Wert natürlich. Trotzdem sind diese Selbstkosten 9,7-mal niedriger als der Pipelinepreis in Westeuropa.[10]

Unter Berücksichtigung der künftigen Amortisierung neuerer Vorkommen, werden die Ausgaben für russisches Gas weiter auf 130 bis140 USD je 1000 Kubikmeter sinken. Maria Belowa, Expertin der russischen Consultingfirma Vygon-Consulting, meint, dass der Gaspreis von bereits amortisierten Vorkommen schon heute niedriger ist. Der Preis ohne Steuern wird 80–85 USD je 1000 Kubikmeter betragen. Das bedeutet, dass Gas aus Israel beispielsweise unter diesen Bedingungen auch konkurrenzfähig gegenüber dem russischen Anbieter ist. Außerdem könnte Spanien, das bis zu 99 Prozent des benötigten Gases importiert, eine Drehscheibe für Südeuropa werden, da dort 2,5-mal mehr Anlagen für die Regasifizierung für den Gasimport zur Verfügung stehen, als bisher gebraucht wurden.

Die spanische Zeitung *ABC* schreibt, dass es damit verbunden ist, dass einerseits an der spanischen Grenze – was Kapazitäten betrifft – relativ kleine Transitgasleitungen und aufgrund des wachsenden Bedarfs mehr LNG-Terminals als nötig gebaut werden. Anderseits hat die Krise 2014 aber auch zwischen Russland und dem Westen die Hoffnung

---

[10] www.energystrategy.ru/press-c/source/Isain.doc

geweckt, dass Spanien einmal Russlands Gaslieferungen für Europa ersetzen konnte.[11]

Den Bedürfnissen entsprechende Kapazitäten dafür hätte z. B. das Projekt Midcat mit einer Förderleistung von 14 Mrd. Kubikmetern Gas im Jahr. Schließlich steht für den Transport nach Norden bislang nur eine Leitung mit bescheidener Kapazität durch die Region Navarra nach Frankreich zur Verfügung. Die spanische Regierung ist besonders daran interessiert, dass die Europäische Union den Bau der Gasleitung Midcat durch Katalonien nun beschleunigt. Das Vorhaben wurde bereits im vorigen September prinzipiell gutgeheißen und könnte im günstigsten Fall 2018/2019 fertiggestellt werden. Es hätte das Potenzial, ca. 10 Prozent der russischen Gaslieferungen durch algerische Lieferungen nach Europa zu ersetzen. Das Projekt wurde jedoch mangels Interesse seitens der französischen Regierung und dem Widerstand der Bevölkerung in der spanischen Provinz Gerona aufgrund mit der Pipeline verbundener ökologischer Probleme eingefroren. Der erste 87 km lange Teilabschnitt von Martorella bis Hostalric ist bereits seit dem Jahre 2012 fertiggestellt. Nach ihrer gesamten Fertigstellung könnte diese Gaspipeline auch Gas in flüssiger Form aus Katar oder den USA transportieren, was jedoch auch Auswirkungen auf den höheren Gaspreis hätte.

---

[11] http://www.abc.es/economia/20140414/abci-espana-suministro-europa-ucrania-201404131629.html

9

Europäische Gazprom-Strategie

Für das russische Unternehmen Gazprom waren und sind
die Länder Europas die wichtigsten Abnehmer mit den
größten Profitchancen (Abb. 9.1). Das ist der Grund dafür,
warum sich alle Anstrengungen des Unternehmens darauf
konzentrieren, neue und sichere Transportwege zu erschließen. Anfang der 1990er-Jahre liefen mehr als 90 % des Gases
über die Ukraine, die dadurch zu einem wesentlichen strategischen Knotenpunkt der russischen Gaslieferungen nach
dem Zerfall der Sowjetunion wurde. Aufgrund der strategischen Lage der Exportgasleitungen Urengoj-Pomary-Ushgorod, Sojus (Orenburg-Westgrenze-UdSSR) und Progress
(Yamburg-Westgrenze) lebte das Land von den russischen
Zahlungen für den Gastransit bei gleichzeitiger Abhängigkeit der ukrainischen Industrie und Kommunalwirtschaft
vom russischen Gas. Schon im August 1992 gab es erste

© Springer Fachmedien Wiesbaden GmbH,
ein Teil von Springer Nature 2018
O. Nikiforov, G.-E. Hackemesser, *Die Schlacht um Europas Gasmarkt*,
https://doi.org/10.1007/978-3-658-22155-3_9

Abb. 9.1 Gas für Österreich bis zum Jahr 2040 – Vertragsunterzeichnung durch Gazprom-Vorstand Aleksej Miller und OMV-Vorstand Rainer Seele in Anwesenheit des russischen Präsidenten Wladimir Putin und dem Österreichischen Bundeskanzler Sebastian Kurz in Wien am 5. März 2018. (Quelle: Gazprom)

Vereinbarungen über die Bedingungen für die Lieferungen russischen Gases über die Ukraine. Im Regierungsbeschluss Nr. 596 wurde am 19 August 1992 jedoch festgelegt, dass das für Europa bestimmte Transitgas nicht an die ukrainischen Verbraucher verteilt werden darf.[1] Im Fall unvollständiger Lieferungen an europäische Endkunden durch ukrainisches Verschulden sollten diese Mengen an Russland bezahlt werden. Schon ab der zweiten Hälfte 1992 musste

---

[1] http://government.ru/docs/all/3945/4

die Ukraine von Russland entsprechende Kredite in Anspruch nehmen, die später zu Staatsschulden erklärt und im Januar 1993 zum Hauptproblem der russisch-ukrainischen Beziehungen wurden. Einen Monat später drohte die Ukraine zum ersten Mal mit der Blockade der Transitleitungen für russisches Gas nach Europa, während Russland aufgrund der Staatsschulden die Gaslieferungen für ukrainische Verbraucher sperren wollte. Während des Aufenthaltes des ukrainischen Ministerpräsidenten Leonid Kutschma am 2. November 1992 in Moskau wurden die früheren technischen Kredite für die Bezahlung der Lieferung der russischen Energieträger erhöht und eine weitere Vereinbarung über die Umwandlung der gesamten ukrainischen Außenstände zum 1. Januar 1993 in Staatsschulden getroffen.[2] Auch zum Endtermin der Rückzahlung des Staatskredites für die Gesamtverschuldung am 1. Oktober 1999 und bei weiteren Terminverlängerungen war die Ukraine nicht zahlungsfähig. Die Angebote Russlands, anstelle von Geld teilweise oder auch das gesamte Gasleitungssystem zu übernehmen, wurden von der ukrainischen Seite immer wieder abgelehnt.[3] Für Russland ist es andererseits nicht so einfach, für die Gaslieferungen eine völlig neue Infrastruktur nach Europa aufzubauen. Umfangreiche Investitionen und Vereinbarungen, z. B. mit den infrage kommenden Nachbarländern Weißrussland und Polen, wären erforderlich, da

---

[2] http://www.mid.ru/evraziyskaya_economicheskaya_integraciya/-/asset_publisher/cb4udKPo5lBa/content/id/737702; https://www.science-education.ru/ru/article/view?id=8415

[3] https://cyberleninka.ru/article/n/gazovyy-konflikt-mezhdu-rossiey-i-ukrainoy-opyt-razresheniya-v-1992-1999-gg#ixzz3oZSycTUj

Russland keinen direkten Zugang zu Westeuropa auf dem Festland hat. Man musste auch eine gewisse Naivität der politischen Führung Russlands von damals in Betracht ziehen. Sie ging bis zum Regierungsumsturz der ukrainischen Regierung Janukowitsch im Jahre 2014 davon aus, dass sich das Land im Rahmen der bisherigen engen wirtschaftlichen Verflechtung auch weiterhin der Zusammenarbeit mit Russland verpflichtet fühlt. Bis heute wird die gemeinsame sowjetische Vergangenheit in Moskau als ein Instrument des russischen Einflusses auf die Ex-Sowjetrepubliken betrachtet. Der ukrainische Nationalismus und der Wunsch, sich von Russland abzugrenzen, werden allem Anschein nach unterschätzt. Eine eigentlich im Grunde genommen normale Entwicklung der Völker, die ihre staatliche Selbständigkeit erreicht haben. So schreibt der US-Schriftsteller Samuel Huntington darüber in seinem Buch *The clash of civilizations* (1996), dass die Ex-Kolonien nach Erreichung der Unabhängigkeit, den Kampf mit den Sprachen des Imperiums beginnen. Auf diese Weise versuchen nationale Eliten, sich von den Kolonisten jeglicher Coleur zu unterscheiden und eine eigene Identität zu bestimmen. Die Ukraine erhielt 1991 von Moskau ihre staatliche Souveränität und damit die volle Unabhängigkeit in ihrer Innen- und Außenpolitik. Die nachfolgende Entwicklung wurde jedoch nicht in Betracht gezogen. Das verdeutlicht auch der Titel des 2003 von dem zweiten ukrainischen Präsidenten Leonid Kutschma veröffentlichten Buches „Ukraine ist kein Russland". Trotz seines persönlichen Lebensweges als sowjetischer Ingenieur in der Rüstungsindustrie und später im Parteiapparat der KPdSU wurde er zum ukrainischen Nationalisten. Diese Entwicklung vieler ukrainischer

Ex-Sowjetbürger wurde in Moskau nicht bedacht. Einst dem Regime folgende Anhänger wurden so zu entschiedenen Gegnern. Das führte schließlich zu guter Letzt zu den nachfolgenden Reaktionen auf den Sturz des ukrainischen Präsidenten Janukowitsch. Im Grunde genommen hätte Russland eine solche Entwicklung mit einer anderen Politik gegenüber der Ukraine vermeiden können.

Zum besseren Verständnis soll an die Vorbereitung der Gründung der Gemeinschaft Unabhängiger Staaten (GUS) am 8. Dezember 1991 in Viskuli (Beloweshsker Wald) durch die Präsidenten Jelzin (Russland), Krawtschuk (Ukraine) und Schuschkewitsch (Belorussland) als Ersatz für die UdSSR erinnert werden. Am 21. Dezember 1991 wurde dann im kasachischen Almaty (Alma-Ata) von allen Ex-Sowjetrepubliken – außer den baltischen Staaten und Georgien – die Gemeinschaft Unabhängiger Staaten (GUS) begründet und ihre Ziele und Prinzipien formuliert und festgelegt. Ihr Hauptanliegen war ursprünglich die Schaffung eines einheitlichen Wirtschaftsraumes. Russland betrachtete deshalb die Gründung der Gemeinschaft als eine Möglichkeit für die Einbeziehung der ehemaligen Sowjetrepubliken in eine engere Zusammenarbeit auf politischen, wirtschaftlichen und militärischen Gebieten. Von Anfang an stand damit die Wiederherstellung des russischen Einflusses auf die Gebiete der Ex-Sowjetunion im Vordergrund. Obwohl die Ukraine zwar den GUS-Vertrag zugestimmt hatte, wurde ihre Verfassung und das Protokoll über konkrete Schritte zur weiteren Formierung nicht unterschrieben und ratifiziert.

Angesichts der für Russland negativen politischen Entwicklung und der wirtschaftlichen Verluste bei der

Organisation des Gastransportes über die Ukraine begann Gazprom mit der Projektierung anderer Routen für die Gaslieferungen, um die eigene Abhängigkeit zu reduzieren. Im Jahr 1993 schloss das Unternehmen in Warschau mit der polnischen Regierung einen Vertrag für eine Gaspipeline über das polnische Territorium und begann ein Jahr später mit dem Bau der Leitung Yamal-Europe. Sie verbindet die westsibirischen Vorkommen mit Weißrussland, Polen und Deutschland (Frankfurt/Oder). Auf dem deutschen Territorium ist die Pipeline über die Gastransportsysteme YAGAL-Nord und STEGAL-MIDAL mit dem größten Erdgasspeicher in Europa „Rehden" mit einem Volumen von 4,7 Mrd. Kubikmetern verbunden. Die Pipeline Yamal-Europe erreicht 32,9 Mrd. Kubikmeter Durchlass im Jahr und ist mehr als 2000 km lang. Im Vertrag ist außerdem vorgesehen, dass die Kapazität durch den Bau einer zweiten Gaspipeline (Yamal-Europe 2) auf über 64 Mrd. Kubikmeter erweitert werden sollte. Dazu ist es aber aus verschiedenen Gründen nicht gekommen.

In der Folge entstanden Nord Stream 1 und das Projekt Nord Stream 2. Nord Stream 1 ging 1999 in Betrieb und erreichte 2006 die volle Leistung. Die russischen und weißrussischen Teile der Pipeline kontrolliert hier Gazprom direkt, während die polnische Strecke von der Firma EuRoPol Gaz verwaltet wird. Eigentümer sind von Anfang an mit 48 % die Aktionäre von Gazprom, mit gleichfalls 48 Prozent das polnische Staatsunternehmens PGNiG und mit 4 % die polnische Firma Gas Trading. Die Route Weißrussland-Polen ist die billigste und im gewissen Sinne der zuverlässigste Weg für russisches Gas nach Europa. Russland hat mit dieser Route weniger Probleme, als mit dem

Transit über die Ukraine. Doch eine Frage stellt sich: War es notwendig, dass Gazprom seit Anfang der 1990er-Jahre gegenüber Weißrussland die Politik von Brot und Peitsche praktizierte? Die Journalistin Natalia Grib schreibt in ihrem Buch „Gaskaiser", dass Gazprom seit 1991 regelmäßig die Gaslieferungen nach Weißrussland zeitweilig um 25 bis 50 % kürzte, um angeblich die Zahlungsdisziplin zu stimulieren. Bis Ende der 1990er-Jahre waren auch im Gashandel Bartergeschäfte üblich. Es handelte sich dabei um Kompensationsvereinbarungen, bei denen die Abwicklung von Warenlieferungen zwischen zwei Marktpartnern im gleichen Wert ohne Geldzahlungen erfolgte. Gazprom forderte Minsk über die Regierung sogar auf, die Gastransportleitungen unter seine Kontrolle stellen zu lassen. Im Frühjahr 2002 unterschrieb dann der damalige Präsident Alexander Lukaschenko einen Vertrag über die Beziehungen zwischen Russland und Weißrussland im Gasbereich. Russland verpflichtete sich darin, die Gaspreise für Weißrussland auf dem niedrigen Niveau von 32 USD für 1000 Kubikmeter zu halten und mit der Verwaltung der Transitnetze „Beltransgas" über Gazprom ein Joint Venture zu gründen. Die weißrussische Seite bot damals die Übertragung von „Beltransgas"-Aktien auf die russischen Gasfirmen im Gegenzug für den Zugang zu russischen Gasreserven sowie dem Abbau von ca. 10 bis 12 Mrd. Kubikmetern Gas. Das wäre eine Garantie für die Lieferung von billigem Gas nach Weißrussland gewesen, doch dieser Deal kam nicht zustande. Im Januar 2004 gab es dann, wie Natalia Grib schreibt, die ersten Unterbrechungen in der Gasversorgung Europas. Gazprom kürzte wegen der Absage der weißrussischen Führung ein Joint Venture zu gründen,

2-mal die Gasmengen für Weißrussland. Am 18. Februar 2004 stellte Gazprom die Lieferungen schließlich ganz ein. Als Antwort stoppte Weißrussland den Transit nach Polen und Litauen. Erst unter Druck der EU-Staaten gab der Kreml die Blockade Weißrusslands auf. Doch lange konnte das Land keinen Widerstand gegen Gazprom leisten. Am 18. Mai 2007 wurde in einem Vertrag mit dem weißrussischen Staatskomitee für Immobilien der Republik Weißrussland der Übertragung eines Teiles der „Beltransgas"-Aktien zugunsten von Gazprom zugestimmt. Bald danach, am 25 November 2007, machte sich der russische Staatskonzern durch den Kauf der restlichen Beltransgas-Aktien zum alleinigen Eigentümer dieses Unternehmens, das heute den Namen Gazpromtransgas-Belarus trägt. Die Preispolitik wurde so zum Instrument der Beeinflussung der Partner unter den GUS-Staaten. Im Endpreis des gelieferten Gases spiegeln sich aber gleichfalls auch eine Reihe außenpolitischer und militärisch-industrieller Vorgaben und Forderungen wider. Wie lässt es sich sonst erklären, dass Minsk Mitte des Jahres 2000 für 1000 Kubikmeter 148,9 USD bezahlte und die Ukraine dagegen über 228 USD, bei einem mitteleuropäischen Durchschnittspreispreis von 280 USD. Bemerkenswert ist außerdem, dass Gazprom bei der Lieferung nach Weißrussland den 30 Prozent betragenden Ausfuhrzoll nicht bezahlen musste. Dahinter steckt die Tatsache, dass das Staatsunternehmen Gazprom vom Kreml als Instrument für seine außenpolitischen Ziele benutzt wurde.

Aufgrund ihrer vertraulichen staatlichen Beziehungen – besonders zwischen den Jahren 2004 bis 2006 – haben Russland und Weißrussland den Unionsvertrag bis heute nur sehr begrenzt verwirklicht. Der Bund zwischen

Russland und Weißrussland wurde zu einer Verteidigungs-
und Wirtschaftsgemeinschaft, gestützt auf gemeinsame
politische Konsultationen, zu einer Zoll- und später zu
einer Eurasischen Wirtschaftsunion. Die Vorgehensweise
Russlands und seines Staatsunternehmens Gazprom beun-
ruhigte natürlich die westlichen Nachbarn Weißrusslands,
die daraufhin begannen, nach Alternativen zu suchen. So
wie z. B. Polen, ein Land das mit einem jährlichen Bedarf
von zirka 14 Mrd. Kubikmetern und mit nur 30 % eigenem
Vorkommen der größte Gasverbraucher ist. Versuche für
den Abbau von Schiefergas als mögliche Ergänzung sind
in Polen misslungen. Dazu publizierte die schweizerische
Neue Züricher Zeitung am 2. Februar 2015, dass der polnische Traum von groß angelegten Schiefergasförderun-
gen im Land zusehends schwindet. Bereits 2015 kündigte
auch der amerikanische Chevron-Konzern an, keine weiteren Schiefergasexplorationen mehr durchführen und sich
zurückzuziehen. Er erklärte, dass die Aktivitäten in Polen
im Vergleich mit anderen Standorten weltweit nicht mehr
attraktiv seien. Zuvor hatten auch schon Exxon Mobil,
Total und Marathon Oil ihre Erkundungen in diesen Bereichen eingestellt.[4]

Das Projekt Yamal 2 wurde von der neuen Gazprom-Führung mit dem heutigen Leiter Aleksej Miller wahrscheinlich unterschätzt, weil das Unternehmen neue Routen über
das Schwarzen Meer nach Südosteuropa planen wollte, die
später den Namen Süd Stream erhielten. Experten behaup-
ten, dass der kürzeste und billigste Weg für die Umgehung

---

[4] https://www.nzz.ch/wirtschaft/polens-schiefergas-hoffnungen-schwinden-
1.18474052

der Ukraine, der Bau der in Polen und der Slowakei angelegten Pipeline Kobrin-Velke Kapusany mit einer Länge von 550 km sei. Erst nachdem die Europäische Union den Bau der Pipeline Süd Stream untersagte, wurde für Russland das Projekt Yamal 2 wieder interessant.[5]

Am 5. April 2013 unterschrieben dann Gazprom-Chef Aleksej Miller und EuRoPol Gaz-Generaldirektor Miroslaw Dobrut in St. Petersburg ein Memorandum über den Bau der Leitung Yamal 2.[6] Dem entgegen stand damals die Meinung des polnischen Ministerpräsidenten Donald Tusk. Am 21. April 2013 veröffentlichte er in der „Financial Times" einen Artikel über die Notwendigkeit der Gründung eines EU-Energieverbundes mit dem Ziel, Europa von der russischen Gasabhängigkeit zu befreien.[7] Er plädierte für eine einheitliche Struktur für den Gaseinkauf für alle 28 EU-Staaten und die Finanzierung der benötigten Infrastruktur einschließlich Gasleitungen und Gasbehälter zu 75 %. Außerdem sollte die Ukraine als Transitland unterstützt werden. Der geplante Bau von Yamal 2 wurde schließlich wegen ökologischen Risiken formell von Polen abgesagt, weil die Pipeline über Naturschutzgebiete verlaufen sollte. Die entstandene Lage zwingt Polen, auch andere Versorgungsquellen zu suchen.

Wie berichtet, gerieten nach dem Zerfall der UdSSR im Dezember 1991 alle Transportpipelines unter die Kontrolle der GUS- und der baltischen Staaten. Ende der

---

[5] https://eegas.com/Short_route-2014-05_ru.htm

[6] https://neftegaz.ru/news/view/119662-Gazprom-otkazalsya-ot-stroitelstva-MGP-Yamal-Evropa-2-iz-za-polyakov.-Nikakoy-politiki-tolko-ekologiya

[7] https://www.ft.com/content/91508464-c661-11e3-ba0e-00144feabdc0

1990er-Jahre gelang es Gazprom, die Kontrolle über die Gastransportfirmen Litauens, Lettlands und Armeniens zu bekommen. Die baltischen Länder gerieten in eine ähnliche Situation wie Weißrussland und waren gezwungen, nach Auswegen zu suchen. Die Zusammenarbeit zwischen Litauen und Polen ist deshalb auch unter diesen Gesichtspunkten zu betrachten. Dabei geht es u. a., wie Gemany Trade & Invest berichtet, um die Betreiber der Pipelines in Polen (Gassystem) und in Litauen (AB Amber Grid). Sie vereinbarten damals mit der EU-Agentur für Innovation und Netze (INEA) eine Kofinanzierung zum Bau einer 534 km langen Pipeline, einschließlich der dazu erforderlichen Infrastruktur. Die EU fördert dieses Projekt mit insgesamt 295 Mio. Euro, davon allein 250 für das Gassystem, weitere Untersuchungen und Studien.[8]

Für die Bauarbeiten sind rund 492 Mio. Euro vorgesehen, während die Gesamtkosten des Projektes 558 Mio. Euro betragen sollen. Davon entfallen 422 Mio. Euro auf Polen und 136 Mio. Euro auf Litauen. Die Pipeline wird bis zum Jahr 2020 dazu in Richtung Litauen für eine Kapazität von 2,4 Mrd. und in Richtung Polen für 1 Mrd. Kubikmeter jährlich ausgebaut und von Jauniunai in Litauen nach Rembelszczyzna in Polen verlaufen. Eine weitere 176 km lange inländische Gasleitung von dort nach Gustorzyn wurde bereits Anfang Oktober 2015 eröffnet.

Gerade Litauen will im Gashandel im Baltikum künftig einen wichtigen Platz einnehmen. Im Jahr 2016 bekam das

---

[8] https://www.gtai.de/GTAI/Navigation/DE/Trade/Maerkte/suche,t=neue-gaspipelines-eroeffnen-polen-weitere-lieferquellen,did=1346766. html

Land sein benötigtes Flüssiggas überwiegend aus Norwegen. Gazprom sah deswegen seine Monopolstellung in Gefahr, musste den Gaspreis für Litauen senken und konnte somit 2017 seine Gaslieferungen wieder vergrößern. So bestreitet Gazprom laut dem litauischen Magazin ru.delfi vom 3. Januar 2017[9] mit einem gewachsenen Anteil von 30 auf 55 % bereits mehr als die Hälfte des lokalen Marktes.

In diesem Zusammengang bestätigte die litauische Energieministerin Zygimantas Vaiciunas dem Magazin gegenüber, dass anstelle des teureren LNG der norwegischen Firma Statoil, Litauen auch künftig Gas aus Russland beziehen würde. Darüber hinaus kaufte Litauen 2017 zum ersten Mal LNG von der US-Firma Koch Supply & Trading und es ist zu vermuten, dass in naher Zukunft noch ehrgeizigere Pläne verfolgt werden, um sich wieder von der russischen Marktführerschaft auf dem lokalen Gasmarkt zu befreien. Der Gaskauf von verschiedenen Lieferanten, so schreibt die Moskauer *Gaseta* am 31.08.2017,[10] verschärft nicht nur die Konkurrenz auf dem baltischen Markt und nimmt Einfluss auf die Preise, sondern Litauen könnte sich so zu einem Hauptpunkt des Gashandels für das Baltikum entwickeln.

Für solche Vermutungen spricht auch die in Klaipeda Ende Oktober 2017 eröffnete Gasverteilungsstation, die über 5 Speicheranlagen zu je 1000 Kubikmetern verfügt und auf bis zu 10.000 Kubikmeter vergrößert werden könnte. Notfalls wäre hier sogar die Schaffung einer Infrastruktur möglich, die litauische, aber auch zukünftige

---

[9] https://ru.delfi.lt/news/politics/politolog-zakupat-gaz-u-gazproma-mozhet-byt-riskovano.d?id=73342796

[10] htpp://m.gazeta.ru

estnische Terminals mit dem lettischen Gasspeicher verbindet. So berichtet am 27. Februar 2017 die russische Wirtschaftsnachrichtenagentur *Prime*,[11] dass Litauen durchaus US- oder katarisches LNG nach Lettland und Estland über das Terminal Klaipeda nach Kursenai liefern könnte. Doch gegenwärtig gelten die Gaspreise für die Nachbarländer noch als zu hoch. Ähnliche Pläne hat aber auch Estland. Prime schreibt, dass die Esten mit einem LNG-Terminal im Hafen Paldiski dem litauischem Klaipeda-Konkurrenz machen wollen. Die estnische Firma Balti Gaas der Energie-Alexela Grupp soll dieses Terminal bauen. Das 340 Mio. Euro-Projekt sieht auch einen LNG-Gasspeicher mit dem Volumen von 160.000 Kubikmetern mit Erweiterungsmöglichkeiten auf das Doppelte vor. Nach den Angaben von *Prime* hofft Estland dafür auf EU-Geld und erwägt, gemeinsam mit Finnland weitere Terminals und eine beide Staaten verbindende Unterseepipeline-Balticconnector mit der Jahreskapazität von 7,2 Mio. Kubikmetern zu bauen.[12]

Auch in Lettland finden wir ähnliche Überlegungen. Wie die Zeitung *Welt* am 1. April 2017 schreibt, sind die bisher hundertprozentig von den Gaslieferungen ihres russischen Nachbarn abhängigen Letten das letzte Land in der EU, das seinen Gasmarkt neuen Unternehmen öffnet. Sein alljährlicher Gasverbrauch liegt bei 1,3 Mrd. Kubikmetern. Inculkalna ist mit einem Speichervolumen von 2,3 Mrd. Kubikmetern der einzige Erdgasspeicher in den baltischen Ländern und verfügt über eine Lieferkapazität

---

[11] https://1prime.ru/articles/20170227/827188454.html
[12] balticconnector.fi

von 18 Monaten. Im Falle einer Mitversorgung der anderen baltischen Staaten Estland und Litauen würde dieser Vorrat allerdings nur fünf Monate ausreichen. Zu erwähnen ist in diesem Zusammenhang, dass Gazprom 34 Prozent des lettischen Monopolisten Latvijas Gāze kontrolliert, der für die Leitung und Lieferungen zuständig ist. Weitere 34 % hält Gazprom an der für die Infrastruktur einschließlich Pipelines und Speicheranlagen zuständigen Firma Conexus Baltic Grud.

In den kommenden Jahren ist eine weitere Leitung geplant, die Litauen und Polen verbindet. Alle drei baltischen Länder hoffen so auf der Grundlage von US- oder katarischen LNG, das Baltikum vom Gazprom-Einfluss zu befreien. Denn noch 2015 kaufte Litauen 2,1 Mrd. Kubikmeter Erd- von Gazprom und 0,4 Mrd. Kubikmeter Flüssiggas in Norwegen. Auch heute kommt LNG überwiegend noch aus Norwegen. In diesem Zusammenhang interessant zu erwähnen ist, dass sich Gazprom nach dem Beginn der norwegischen LNG-Lieferungen gezwungen sah, den Gaspreis zu senken.

Die Firma Imopters (GGIIGNL) Katar lieferte im Jahre 2015 29 Mrd. und ein Jahr später nur noch 24,8 Mrd. Kubikmeter LNG auf den europäischen Markt. Gazprom verzeichnete dagegen 2016 mit 178,3 gegenüber 158,6 Mrd. Kubikmetern im Vorjahr ein Rekordergebnis. Der Vertrag mit dem norwegischen Lieferanten Statoil von 2014 sah ursprünglich 540 Mio. Kubikmeter LNG im Laufe von 5 Jahren vor. Ende Januar 2016 wurden die Vertragsbedingungen geändert. Jetzt werden die Litauer nur 350 Mio. Kubikmeter des norwegischen LNG im Laufe von 10 Jahren kaufen. Hauptgrund ist wahrscheinlich der für Litauen zu hohe Gaspreis.

Allem Anschein nach wollte das Land durch LNG-Lieferungen aus Norwegen und später aus Katar oder den USA
gleichfalls zu einem Mittelpunkt für die anderen baltischen
Länder werden. Dafür spricht auch die in Klaipeda Ende
Oktober 2017 eröffnete Gasverteilungsstation, die über 5
Speicheranlagen zu je 1000 Kubikmetern verfügt und auf
bis zu 10.000 Kubikmeter vergrößert werden könnte. Notfalls wäre sogar die Schaffung einer Infrastruktur möglich,
die litauische aber auch zukünftige estnische Terminals
mit dem lettischen Gasspeicher verbindet. Alle drei baltischen Länder hoffen zur Drehscheibe im Gashandel in der
Region auf der Grundlage von US- oder katarischen LNG
zu werden und auf diese Weise das Baltikum vom Gazprom-
Einfluss zu befreien.[13]

Um die Strategie von Gazprom in Europa zu verstehen,
ist ein Abschnitt des Buches von Sergej Prawosudow *Erdöl
und Gas, Geld und Macht* besonders aufschlussreich. Im
Kapitel „Der Zugang zu den Endproduzenten" schreibt er,
dass sich Europa als Folge des Dritten Energiepaketes vor
allem auf den Absatz und die Speicherung von Gas kon-
zentriert. Zum Beispiel übernahm Gazprom 2015 rückwirkend zum 1. April 2013, die bereits von der der EU-Kommission bestätigten Transportkapazitäten der Firma Wingas
des Wintershall-Konzerns. In diesem Zusammenhang
zitiert Prawosudow den Stellvertreter des Vorstandes, Alexander Medwedew, zu der Zusatzvereinbarung über den Austausch von Vermögenswerten. Der Gazprom-Anteil an dem

---

[13] www.cdu.ru/articles/detail.php?ID=3141

Joint Ventures für Gasabsatz und Lagerung mit den Firmen Wingas, Wintershall Erdgas Handelshaus GmbH & Co. KG (Wien) und Wintershall Erdgas Handelshaus Zug AG wurde damit auf 100 % erhöht (Abb. 9.2). Alexander Medwedew geht davon aus, dass die Tätigkeit dieser Firmen das Ansehen von Gazprom nicht nur in Deutschland, sondern auch in anderen europäischen Ländern stärken wird. Nach den Worten von Stanislaw Zygankow in Prawosudows Buch arbeitet Gazprom, außer in Deutschland auch mit den Endverbrauchern in Großbritannien, Frankreich, Ungarn, Tschechien, Rumänien, Italien, Bulgarien sowie in der Türkei zusammen. Dafür wurde die spezielle Gazprom-Marketing-and-Trading-Ltd(GMT)-Firma gegründet, die auch Gas von den norwegischen Unternehmen Statoil und der dänischen Firma DONG verkauft.

Abb. 9.2 Gazprom-Kenner und Partner Mario Mehren (Vorstandsvorsitzender der Wintershall AG). (Quelle: Oleg Nikiforov)

Die Firma GMT entwickelt auch andere Linien, z. B. den Handel mit Elektroenergie, LNG, Erdöl, Erdölprodukten und mit CO_2-Ausstoßquoten.

Literatur

Samuel Huntington (1996) The clash of civilizations, Simon & Schuster, New York

Sergej Prawosudow (2017) Erdöl und Gas. Geld und Macht, Verlag KMK, Moskau

10

Britische Variante der Gasversorgung

Die jüngste Verschlechterung der Beziehungen zwischen Russland und Großbritannien wegen eines Anschlages auf den Ex-Doppelagenten Sergej Skripal und seine Tochter im Frühjahr 2018 hat auch das Problem der Gasversorgung des Landes durch Gazprom auf die Tagesordnung gebracht. Noch am 14. März informierte Premierministerin Theresa May über die Absichten des Landes, den Gaslieferanten Russland als Gegenmaßnahme durch andere Lieferanten zu ersetzen. Dazu muss man wissen, dass Großbritanien seinen Jahresverbrauch von 77 Mrd. Kubikmetern Gas allmählich senken und bis zum Jahre 2050 fast halbieren will. Experten der Deutschen Welle und die russische Stiftung der nationalen Energiesicherheit haben erst in der jüngsten Zeit festgestellt, dass solche Absichten gerade für den russischen

© Springer Fachmedien Wiesbaden GmbH,
ein Teil von Springer Nature 2018
O. Nikiforov, G.-E. Hackemesser, *Die Schlacht um Europas Gasmarkt*,
https://doi.org/10.1007/978-3-658-22155-3_10

Gaslieferanten sehr gefährlich sein können.[1] Noch im vergangenen Jahr 2017 nahm Großbritannien unter den wichtigsten Absatzmärkten für russisches Gas im Ausland nach Deutschland, der Türkei und Italien den 4. Platz ein. Besonders in den letzten Jahren wuchsen die Importe von 10,09 Mrd. Kubikmeter 2014 auf über 11,12 Mrd. Kubikmeter im Jahr 2015 und 2016 auf 17,8 Mrd. Kubikmeter. Im Jahr 2017 dagegen waren es noch 16,8 Mrd. Kubikmeter Gas. Das waren immerhin ca. 10 % des Gesamtimports von Gazprom nach Europa und mehr als die Lieferungen nach Bulgarien, Griechenland, Serbien, Rumänen, Slowenien, Bosnien, Herzegowina und Mazedonien zusammen gerechnet. Gerade der britische Markt ist für Gazprom interessant, weil die Nachfrage traditionell hoch ist. Außerdem sind die eigenen Vorkommen in der Nordsee bald erschöpft. Darüber hinaus plante Großbritannien außerdem aus der Kohlegewinnung auszusteigen, was bei Gazprom Hoffnungen auf weiter steigenden Absatz weckte. Das waren ursprünglich sehr realistische Erwartungen, denn schon 2016 wurden drei Kohlekraftwerke außer Betrieb gesetzt und bis 2022 sollen noch weitere sieben folgen. So ist vorgesehen, das letzte Kohlekraftwerk im Jahre 2025 zu schließen. Wind und Sonne als alternative Möglichkeiten reichen aber allein nicht aus, um die benötigten Energiemengen zu ersetzen. Das sind weitere Gründe, um über die Gasverwendung und ihre Bezugsquellen verstärkt nachzudenken.

---

[1] http://www.ng.ru/ng_energiya/2018-04-10/9_7208_skripal.html

Der Partner Großbritannien war unter anderem für Gazprom der Hauptgrund für den Bau der Nord Stream 2. In einem der Projekte für diese Pipeline wurde auch die Abzweigung nach England vorgesehen. Bisher ist das Inselland mit dem Kontinent nur durch die Pipeline BBL und Interconnector verbunden, die seit 1998 Zeebrugge in Belgien und den Bacton Gas Terminal mit einer Kapazität von 20 Mrd. Kubikmetern im Jahr zusammenführt (Abb. 10.1). Über die gleiche Leitung – 2006 wurde sie mit einer Kapazität von jährlich 18 Mrd. Kubikmetern in Betrieb genommen – hat Großbritannien auch Verbindung mit Holland und wird seitdem von Gazprom sehr intensiv benutzt.

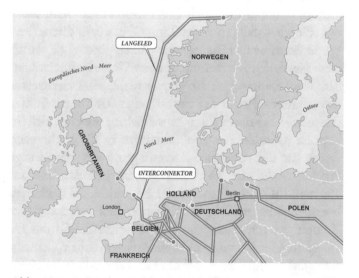

Abb. 10.1 Politische Probleme beeinflussen das wirtschaftliche Handeln Großbritanniens. (Quelle: Michail Mitin)

Heute ist allerdings noch nicht klar, wie Theresa May ihre Drohung auf russisches Gas zu verzichten, praktisch realisieren wird. Zum einen wird das russische Gas bisher von privaten Firmen eingekauft. Zum zweiten geht es bei Gazprom um sogenannte SWAP-Geschäfte. Das russische Unternehmen liefert Gas für Belgien nach Verträgen mit der norwegischen Firma Statoil, die damit wiederum den britischen Bedarf deckt. Für Großbritanien hat die Tochterfirma Gazprom Marketing & Trading Limited lediglich einen Vertrag mit der britischen Firma Centrica über die Lieferung von 4,16 Mrd. Kubikmeter Gas. Diese Menge entspricht gerade 2 % des Gazpromexports im Jahre 2017 und macht für Großbritannien nur ca. 1 % der gesamten verbrauchten Gasmenge direkt aus Russland aus. In diesem Volumen sind auch LNG-Lieferungen berücksichtigt, die gleichfalls in erster Linie über ausländische Verkäufer kommen. Eine direkte Abhängigkeit ist durch diese Geschäftspraktiken nicht ohne Weiteres durchschaubar. Interessanterweise ist aber geplant, dass derzeit für den gesamten Raum der Europäischen Union zuständige Gazprom-Logistikzentrum zu schließen, welches sich in London befindet. Für Großbritannien ist die Suche nach Ersatz für die russischen Lieferungen nicht das einzige Problem. Wie die *Deutschen Wirtschaftsnachrichten* am 25. Juni 2017 schreiben, sei der Entschluss des britischen Energieversorgers Centrica, seinen großen Erdgasspeicher „Rough" zu schließen, ein weiterer wichtiger Grund für die gestiegene Nervosität. Diese Anlagen haben Centrica zufolge das Ende ihrer technischen Lebensdauer erreicht, sodass eine sichere Wiederaufnahme des Speicherbetriebs nicht möglich ist. Die Einstellung von Rough wird nach

Ansicht von Wayne Bryan, Analyst des Beratungsunternehmens Alfa Energy, viel Ungewissheit und Volatilität schaffen. „Wenn wir über zwei bis drei Wochen eine Kältewelle haben, wird der Verlust von Rough unsere Abhängigkeit von Importen aufzeigen, und zwar von verflüssigtem Erdgas (LNG)", zitiert der englischsprachige Dienst von *Reuters* den Fachmann. Bloomberg berichtet, dass der Erdgasspeicher im Winter bis zu 10 % der Nachfrage im Inland decken konnte.[2]

In diesem Zusammenhang ist zu erwarten, dass Großbritanien aufgrund der Drohungen gegen Gazprom gezwungen wird, mehr LNG auf dem Weltmarkt zu kaufen. Die gegenwärtigen LNG-Lieferungen entsprechen nur 13 % des Gasverbrauches. Aber dessen Ursprung ist nicht immer nachprüfbar und es ist ungewiss, ob zum Beispiel mehr Gas über die Pipeline aus Norwegen bezogen werden kann. Auch dort ergeben sich aufgrund der allmählichen Erschöpfung der Vorkommen zunehmend Schwierigkeiten. Einziger Ausweg wäre es, die Produktion von Schiefergas zu fördern oder vollkommen auf erneuerbare Energie zu setzen. Die *Deutschen Wirtschaftsnachrichten* berichten, dass die in Großbritannien ansässige Centrica im September 2016 mit Qatargas einen fünfjährigen Liefervertrag über bis zu 2 Mio. Tonnen LNG-Gas pro Jahr ab Januar 2019 unterzeichnete. Ob Katar auch imstande sein wird, Russland zu ersetzen ist eine spannende Frage. Eine weitere Möglichkeit bestände außerdem darin, LNG mit hohen volatilen Preisen aus den USA zu bekommen.

---

[2] https://deutsche-wirtschafts-nachrichten.de/2017/06/25/grossbritannien-ist-von-erdgas-aus-russland-und-norwegen-abhaengig/

11

Routen für Kaspisches Erdgas

Bis Mitte der 1990er-Jahre versuchte Russland durch seine Politik, den Bau von Gasleitungen zur Umgehung des russischen Territoriums zu verhindern. Die Unzufriedenheit über diese russische Politik, die faktisch einer Blockade der Lieferungen ihrer Kohlenwasserstoff-Ressourcen glich, führte dazu, dass die Kaspischen Länder immer wieder neue Möglichkeiten und Routen für ihren Erdgas- und Erdöl-Transport suchten. Dazu wurden sie natürlich durch westliche Erdöl- und Erdgasfirmen – in erster Linie aus den USA – ermuntert. Der russische Autor Sergej Zhiltsow (2016, S. 166) schreibt in seinem Buch *Die Politik Russlands in der kaspischen Region*, dass die USA die Politik der Verdrängung Russlands aus der Kaspischen Region unterstützen. Für die USA waren dabei zwei Punkte wichtig. Einmal die Versorgung, die mit der eigenen Schiefergasrevolution

© Springer Fachmedien Wiesbaden GmbH,
ein Teil von Springer Nature 2018
O. Nikiforov, G.-E. Hackemesser, *Die Schlacht um Europas Gasmarkt*,
https://doi.org/10.1007/978-3-658-22155-3_11

nicht mehr aktuell ist und zweitens, die erwünschte Unabhängigkeit Europas von den russischen Gaslieferungen. Gleichzeitig sah sich Russland mit dem unüberhörbaren Wunsch nach Verhandlungen der Kaspischen Länder über ein für alle Länder geltende einheitliche internationale Richtlinie über die Grundsätze zur Nutzung des Kaspischen Meeres und somit auch für die Verlegung der neuen Gasleitungen konfrontiert. So gaben im Februar 1997 die Präsidenten von Kasachstan und Turkmenistan dazu eine gemeinsame Erklärung ab. Gleichzeitig wurden auch die Gespräche über die Verlegung der Erdöl- und Erdgaspipeline weitergeführt.

Schon seit den 1920er-Jahren des vorigen Jahrhunderts bestimmten die Sowjetunion und der Iran (damals Persien) das Statut des Kaspischen Meeres. Seit dem Jahr 1928 (so Zhiltsow 2016, S. 118) durften im Kaspischen Meer nur sowjetische Schiffe verkehren. Im Jahr 1934 begrenzte die Sowjetunion fast 80 % des Meeres zwischen dem Festland Astary und Gasan-Kuli als ihr Hoheitsgebiet. Selbst ein Vertrag über Handel und Schiffsfahrt zwischen der Sowjetunion und dem Iran über das Statut des Kaspischen Meeres vom 25. März 1940 enthielt dazu keine konkreten Festlegungen.

Im Verlauf des Zweiten Weltkrieges wurde Ende 1941 der Iran von Norden von sowjetischen Truppen und von Süden von britischen Truppen angegriffen um einem möglichen Bündnis zwischen Deutschland und dem Iran zuvorzukommen. Ende 1942 kamen auch US-Truppen in den Iran. Das Kaspische Meer befand sich zu dieser Zeit vollständig unter sowjetischen Kontrolle. Zum Kriegsende verließen die Alliierten den Iran. Erst im Mai 1957 unterschrieben die Sowjetunion und der Iran einen Vertrag über ihren Grenzverlauf. Aber auch hier wurde das Statut des Kaspischen Meeres (so Zhiltsow 2016, S. 121) nicht beachtet. Praktisch befand sich das Meer, auf dem sich auch Marineeinheiten befanden, weiterhin nur unter sowjetischer Kontrolle.

Nach dem Zerfall der Sowjetunion zeigten die neu entstandenen Republiken Aserbaidschan, Turkmenistan und Kasachstan weiter ihr Interesse an den Seevorkommen von Erdöl und Erdgas, die sie als frühere Teile der Sowjetunion erforschen und nutzen konnten. Die Kohlenwasserstoffvorkommen im Kaspischen Meer sind deshalb heute – außer dem Verlauf der Seegrenzen – Streitpunkte von großer Bedeutung. Russland vertritt nach außen hin die Auffassung, dass die Ressourcen im Meer zum Gemeingut der Länder gehören, was wiederum von anderen Kaspischen Ländern bestritten wird. Nach einem Bericht des kasachischen Dienstes von Radio Free Europe/Liberty vom 10. Dezember 2017 wurde auf einer Beratung der Außenminister der Kaspischen Länder fünf Tage früher in Moskau eine Konvention über das Statut des Kaspischen Meer bestätigt, das dann im Juli 2018 in Astana unterschrieben werden sollte.[1] Aktuell sind drei Varianten für Gaslieferungen aus dem Kaspischen Raum nach Europa besonders wichtig. Erstens sind das Lieferungen über das Territorium Russlands, zweitens der Bau der Unterwasserleitung von Turkmenistan nach Aserbaidschan und drittens eine Kooperation mit dem Iran.

---

[1] https://rus.azattyq.org/a/28899449.html

Um mögliche Lieferungen über das Territorium Russlands zu umgehen, käme der Bau der Unterwasserpipeline Trans-Caspian von Turkmenistan nach Aserbaidschan infrage. Diese Pipeline sollte an die TANAP (Trans-Anatolian-Natural-Gaspipeline) über Georgien angeschlossen werden, die Gas vom aserbaidschanischen Vorkommen Shah Deniz-2 bis zur westlichen Grenze der Türkei transportiert. Schließlich müsste sie an die Trans-Adriatic-Pipeline (TAP) – die über Griechenland, Albanien, das Adriatische Meer und Italien verläuft – angedockt werden. Schon im Dezember 1997 ergriff Turkmenistan die Initiative zum Bau der Gasleitung nach Europa über den Iran und die Türkei. An der Spitze des Bauvorhabens sollte ein Konsortium unter der Leitung von Shell stehen. Zu guter Letzt kam es dann zur Realisierung der sogenannten SWAP-Geschäfte. Turkmenistan liefert sein Gas per Pipeline in den iranischen Norden, wo es keine Gasvorkommen gibt. Der Iran versorgt seinerseits aus seinen südlichen Vorkommen Europa mit LNG. Diese Variante der Nutzung turkmenischen Gases wurde bereits vor einigen Jahren durch Maroš Šefčovič, dem für Energiepolitik zuständigen EU-Vize-Präsidenten, vorgestellt.[2]

Was den Iran betrifft, so schloss das Land 1995 ein Abkommen mit Turkmenistan über den Import von 8 Mrd. Kubikmetern im Jahr, das dann über die Pipeline Korpedshe-Kurt Kui (Turkmenistan-Iran) fließen konnte. Im Jahr 2007 wuchs dieses Volumen bis auf 14 Mrd. Kubikmeter. Seit Fertigstellung der zweiten Etappe des Baus der Leitung Dowlatabad-Serachs-Hangeran in der iranischen Provinz

---

[2] http://www.ng.ru/ng_energiya/2017-12-12/9_7134_turkmenistan.html

im Jahre 2010 wurde die Kapazität bis auf 20 Mrd. Kubikmeter erweitert. Im August 2017 ging eine innere iranische Gasleitung Damghan-Kiasar-Sari-Neka mit 175 km
Länge und der täglichen Kapazität von 35 Kubikmetern in
Betrieb. So erhalten die sechs nördlichen iranischen Provinzen Semnan, Golestan, Mazandaran, North Khorasan,
Khorasan Razavi und South Khorasan eigenes Gas. Der
Bau dieser Leitung erfolgte infolge einer gewissen Abküh-
lung der Beziehungen zwischen dem Iran und Turkmenistan, u. a. wegen der zweimaligen Unterbrechung der Lieferungen von turkmenischen Gas in den Jahren 2007 und
im Winter 2016/2017 sowie fehlender Bezahlung von Gaslieferungen aus den früheren Jahren. Am 1. Januar 2017
stellte Turkmengas seine Gaslieferungen in den Iran ein.
Die National Iranian Gas Company behauptete jedoch,
den Großteil der Schulden in Höhe von 4,5 Mrd. USD
schon bezahlt zu haben und drohte Turkmengas wegen des
Kontraktbruchs mit dem Schiedsgericht.[3]

Zur damaligen Zeit gab es für den Iran keine Alternative für die Gasversorgung seiner nördlichen Provinzen.
Das ist auch der Grund dafür, dass die Variante der einst
vorgesehenen EU-Versorgung vorläufig auf Eis gelegt ist.
Zu dieser Zeit praktizierte Russland mit den zentralasiatischen Ländern ebenfalls in erster Linie SWAP-Geschäfte,
die aber u. a. wegen Preisproblemen mit Turkmenistan
beendet wurden. So bleibt für die Belieferung europäischer
Verbraucher mit Kaspischem Gas die Pipeline TANAP

---

[3] https://www.vedomosti.ru/business/articles/2017/08/14/729187-turkmeniya-
lishilas-pokupatelya

mit einer derzeitigen Kapazität von 1 Mrd. Kubikmeter (2018) die einzige Möglichkeit. Bisher wurde über sie
nur aserbaidschanisches Gas geliefert. Eine auf 23, bis zum
Jahre 2026 auf 36 und möglicherweise danach sogar auf
60 Mrd. Kubikmeter geplante Erweiterung hängt von der
Realisierung der Trans-Caspian-Pipeline ab.

Deutschland und die Europäische Union nehmen diese
Variante sehr ernst. Nur so ist zu erklären, dass die deutsche
Bundesregierung Garantien in Milliardenhöhe für eine
Pipeline aus Aserbaidschan gibt. Am 6.3.2018 berichtete
Benedikt von Imhoff (dpa) für die Deutsche Welle in einem
Beitrag „1,2 Milliarden Euro für Aserbaidschan", dass die
Bundesregierung eine Garantie für einen Kredit von über
1,5 Milliarden US-Dollar (1,2 Mrd. Euro) einer deutschen
Bank für das aserbaidschanische Staatsunternehmen CJSC
ermöglichen will, wie es aus einem Brief des Finanzstaatsse-
kretärs Jens Spahn (CDU) an den Vorsitzenden des Haus-
haltsausschusses des Bundestages Peter Boehringer (AfD)
hervorgeht. „Durch diese Gaslieferungen soll ein wesentlicher Beitrag zur Sicherstellung der Gasversorgung Europas
und Deutschlands geleistet werden", heißt es in dem Schreiben, das der Deutschen Presse-Agentur (dpa) vorliegt. Der
Energiekonzern E.ON hatte sich bereits vor Jahren durch
einen Vertrag umfangreiche Gaslieferungen aus dem rohstoffreichen Land am Kaspischen Meer gesichert. Demnach
soll die E.ON-Tochter Uniper von 2020 bis 2044 jedes
Jahr 1,45 Milliarden Kubikmeter Gas über den sogenannten Südlichen Gaskorridor erhalten. Bereits am 21.1.2015
betonte Bundeskanzlerin Angela Merkel auf einer Pressekonferenz mit dem aserbaidschanischen Präsidenten
Ildar Alijew, dass „die Bundesregierung nachdrücklich das

Projekt des südlichen Gaskorridors unterstützt".[4] Das gilt für die wichtigen Versorgungsvorhaben der Bundesrepublik mit Öl und Gas, besonders durch langfristige Bezugsverträge. Für Deutschland und die gesamte Europäische Union sind diese Pipelines deshalb so wichtig für die Gasversorgung, um unabhängiger von den russischen Lieferungen zu werden. Deshalb begrüßte Bundeskanzlerin Angela Merkel ausdrücklich diese Pläne. So hatte die Europäische Bank für Wiederaufbau und Entwicklung (EBRD) im Oktober 2017 einen Kredit über 500 Mio. Euro für die Leitung TANAP genehmigt. Weitere finanzielle Unterstützung für dieses Projekt gab es auch durch die Weltbank.[5]

Literatur

Sergej Zhiltsow (2016) Die Politik Russlands in der kaspischen Region, Verlag Aspektpress, Moskau

---

[4]https://www.dw.com/de/12-milliarden-euro-f%C3%BCr-aserbaidschan/a-42839662
[5] Quelle: n-tv.de, Benedikt von Imhoff, dpa

12

Die Kaspische Ecke

Die Länder des Kaspischen Raums verfügen über reiche Öl- und Gasreserven. Kein Geheimnis wird daraus gemacht, dass die EU darauf zugreifen will, um ihre Abhängigkeit von anderen Lieferanten zu verringern. Nach dem Zerfall der Sowjetunion sahen sich die unabhängig gewordenen rohstoffreichen Nachfolgestaaten Aserbaidschan, Kasachstan, Turkmenistan und Usbekistan mit zahlreichen politischen und wirtschaftlichen Herausforderungen konfrontiert. Während sie im Wirtschaftssystem der UdSSR als Lieferanten für die sowjetische Industrie dienten, mussten sie sich nun in die Weltwirtschaft integrieren. In allen vier Ländern etablierten sich in diesem Zusammenhang autoritäre Regime, die bestrebt waren, die reichlichen Öl- und Gasressourcen besser zu vermarkten und mit den Geldeinnahmen

© Springer Fachmedien Wiesbaden GmbH,
ein Teil von Springer Nature 2018
O. Nikiforov, G.-E. Hackemesser, *Die Schlacht um Europas Gasmarkt*,
https://doi.org/10.1007/978-3-658-22155-3_12

ihre Einflussbasis zu sichern. Die westlichen Staaten, besonders die USA, unterstützten sie dabei. Sie wollten nicht nur von den Öl- und Gasvorkommen profitieren, sondern erhofften sich durch die wirtschaftliche Einbeziehung der ehemaligen Sowjetrepubliken eine gewisse, für sie vorteilhafte politische Stabilität in der Region gewährleisten zu können. In einer Analyse des Deutschen Instituts für Internationale Politik und Sicherheit der Berliner Stiftung Wissenschaft und Politik zur EU-Politik gegenüber den Kaspischen Ländern wird konstatiert, dass

> gerade im Falle rohstoffreicher Staaten die EU kaum in der Lage ist, mit dem Instrument der Europäischen Nachbarschaftspolitik (ENP) starke Anreize für einschneidende Reformen zu geben. Die hohe Abhängigkeit der europäischen Mitgliedstaaten von verlässlichen Energielieferungen wirkt sich in der Weise aus, dass die EU dem Demokratisierungsprozess in ihren Nachbarstaaten eine nur untergeordnete Bedeutung beimisst.[1]

Was die Politik anderer Länder in dieser Region anbelangt, zeigt die Analyse am Beispiel von Aserbaidschan, dass die Beziehungen zu den USA dort von zentraler außen- und sicherheitspolitischer Bedeutung sind, die ihrerseits vielfältige eigene Interessen verfolgen. So wollen sie durch Nutzung der Ölpipeline Baku-Tbilisi-Ceynan eine möglichst rasche Beilegung des Berg-Karabach-Konflikts herbeiführen sowie eigene Streitkräfte in Aserbaidschan

---

[1] https://www.swp-berlin.org/publikation/europaeische-nachbarschaftspolitik/

stationieren, um zusätzlichen Druck auf den benachbarten Iran auszuüben. Dagegen will Russland die dortige Stationierung amerikanischen Truppen verhindern und seinen eigenen Einfluss in der Region stabilisieren.[2] Ein anderes Beispiel ist die Wiederaufnahme der Zusammenarbeit von Kasachstan und den USA im militärischen Bereich. Laut einem Bericht von *Sputnik News* kann es um militärische US-Basen im Kaspischen Meer und damit auch um den Einfluss auf Kasachstan gehen.[3]

Sergej Zhiltsow und Igor Sonn (2011 S. 243) schreiben zu diesem Thema in *Kaspische Röhrengeopolitik*, dass die USA einer der direkten und verborgenen Hauptspieler in der Region ist, weil Fragen der Energiesicherheit immer als einer der Grundsätze in ihrer Außenpolitik betrachtet wurden. Sie haben die Kaspische Region als bindenden Bestandteil des Nahen Ostens in ihre geopolitische Sphäre eingeschlossen. Nach Meinung der Autoren ähneln die Handlungen der USA in dieser Region der Geschichte der US-Eroberung von Nahost-Erdöl. Anfang 1995 bildeten führende US-Erdöl-und Erdgasgesellschaften in Washington eine Lobby-Gruppe für die Vertretung ihrer Interessen in der Kaspischen Region. Die Union Oil Company of California (Unocal) war darin für die Anwerbung der Ex-US-Präsidenten Bush Senior und Carter als Lobbyisten zuständig. Als Hauptangriffspunkte galten Russland und der Iran. Die Kaspischen Region wurde plötzlich auch für

---

[2] https://www.swp-berlin.org/publikation/europaeische-nachbarschaftspolitik/

[3] https://sputniknews.com/politics/201707301056009337-us-kazakhstan-co-operation-russian-response

andere Länder und ihre Erdöl- und Erdgas-Firmen interessant, obwohl sie Russland traditionell als eigene Domain betrachtete und somit zu einer möglichen Gefahr für die Monopolstellung der russischen Gasindustrie bezüglich der Versorgung Europas werden könnte.

Besonders Aserbaidschan und Kasachstan gelang es nach der Unabhängigkeit, internationale Energiekonzerne für umfangreiche Investitionen im Öl- und Gassektor zu gewinnen. Der deutsche Experte Roland Götz schreibt zu diesem Thema für die Berliner Stiftung Wissenschaft und Politik des Deutschen Institutes für Internationale Politik und Sicherheit unter dem Titel *Europa und das Erdgas des Kaspischen Raums*,[4] dass seiner Meinung nach, die ehemaligen sowjetischen Staaten Zentralasiens und des südlichen Kaukasus auch wegen ihrer energiewirtschaftlichen Verflechtung seit dem Ende der Sowjetunion erhebliche Aufmerksamkeit erzielten und als „Great Game am Kaspischen Meer" bezeichnet werden. Sicher sind vom Standpunkt Europas aus die Gasvorkommen der Kaspischen Ecke mit den Exportländern Kasachstan, Turkmenistan und Usbekistan sowie der kaukasischen Republik Aserbaidschan besonders interessant. Alle diese Länder verfügen zwar über bedeutende Gasreserven, haben aber auch Probleme mit dem freien Zugang zum europäischen Markt. Nach den Angaben von BP betragen die bestätigten Gasvorräte 1,1 Billionen Kubikmeter.[5]

---

[4] https://www.swp-berlin.org/fileadmin/contents/products/arbeitspapiere/DP_Kaspi_ks.pdf

[5] https://ru.sputniknews-uz.com/economy/20170614/5610244/BP-gaz-neft-dobycha.html

Wegen des fortgeschrittenen Erschöpfungsgrades der usbekischen Gasfelder und einem hohen Inlandsverbrauch sind die Möglichkeiten für den Export mittelfristig gesehen begrenzt. Aus diesem Grund liefert Usbekistan gegenwärtig Gas in die Nachbarländer Kirgistan, Tadschikistan und in den russischen Ural. Grundsätzlich muss für die Einschätzung der Situation jedoch berücksichtigt werden, dass gerade Usbekistan und Kasachstan im Kampf des russischen Gazprom-Konzerns um die Kontrolle über den Gasexport der zentralasiatischen Saaten besondere Bedeutung erlangten. Seine dortige Vormachtstellung erreichte der Konzern dank einer Reihe zwischenstaatlicher Verträge über die Benutzung der Gasleitungen bereits ab Anfang des neuen Jahrhunderts. Es gab eben nur einen Transportweg nach Europa und der führte über das russische Territorium.

Literatur

Sergej Zhiltsow, Igor Sonn (2011) Kaspische Röhrengeopolitik, Verlag Wostok-Zadad, Moskau

13

Kasachstan

Bis zum heutigen Tag ist Kasachstan größter Verbündeter Russlands in der Kaspischen Region. Das steht in erster Linie mit der Person des kasachischen Präsidenten Nursultan Nasyrbaew im Zusammenhang, der bis zuletzt für den Fortbestand der Sowjetunion in irgendeiner Form gekämpft hatte. Auch deshalb konzentrierte sich die russische Gaspolitik angesichts der Rivalität und Unabhängigkeitsbestrebungen in erster Linie von Aserbaidschan und in gewissem Maße auch Turkmenistans auf Kasachstan. Selbstverständlich verfolgt Kasachstan im Kaspischen Bereich auch eigene wirtschaftliche Interessen. Nasyrbaews Zuneigung für Russland, mehr als für Aserbaidschan und Turkmenistan, war aber auch mit den anderen politischen und wirtschaftlichen Fragen

© Springer Fachmedien Wiesbaden GmbH,
ein Teil von Springer Nature 2018
O. Nikiforov, G.-E. Hackemesser, *Die Schlacht um Europas Gasmarkt*,
https://doi.org/10.1007/978-3-658-22155-3_13

verbunden. So entfallen auf Russland 84 % des kasachischen Exports und 99 % des Imports in dieser Region.[1]

Nach den Angaben des russischen Wirtschaftsmagazins Expert umfassen allein die erkundeten Gasvorräte in Kasachstan 3,3 Billionen Kubikmeter, das wären 2,2 % der Weltgasreserven. Prognostiziert wurden Vorräte von insgesamt 6 bis 8 Billionen Kubikmetern.[2] Ohne des benzinhaltigen Erdgases würden diese Vorräte nach Angaben der Consultingfirma IFC Markets nur 1,5 Billionen Kubikmeter umfassen.[3] In den 1990er-Jahren bewegte sich die jährliche kasachische Erdgasförderung zwischen 5 und 10 Mrd. Kubikmetern. Erst 2005 wurde die Förderung von 20 Mrd. Kubikmetern überschritten, 2012 waren es bereits mehr als die doppelte Menge, von dem etwa die Hälfte exportiert wurde. Nach den Angaben der russischen Zeitung RBK waren das 2013 20,6 Mrd. Kubikmeter. Im Jahre 2017 exportierte Kasachstan zusätzlich 5 Mrd. Kubikmeter nach China. Dabei muss der Inlandverbrauch von mehr als 20 Mrd. Kubikmetern berücksichtigt werden. Interessant ist außerdem, dass das Land im Jahr 2006 noch zusätzlich 11 Mrd. Kubikmeter Gas aus Russland und Usbekistan importieren musste. Kasachstans überwiegend benzinhaltiges Erdgas wird unter anderem auch für die Ölförderung eingesetzt, um den Druck in der Erdölschicht zu erhöhen.[4]

---

[1] http://www.webeconomy.ru/index.php?page=cat&newsid=1603&type=news

[2] http://expert.ru/kazakhstan/2006/14/gazoviy_faktor_78868/

[3] https://liter.kz/ru/articles/show/16060-kazahstan_na_poroge_gazovoi_nezavisimosti

[4] http://expert.ru/kazakhstan/2006/14/gazoviy_faktor_78868/

Experte Roland Götz vermutet mittelfristig Fördermög-
lichkeiten von rund 75 Mrd. Kubikmetern und ein Exportpotenzial unter Berücksichtigung eines voraussichtlich steigenden inländischen Verbrauches von rund 40 Mrd. Kubikmetern. Andere russische Fachleute sind gegenüber dieser
Einschätzung eher skeptisch.[5] Der Berater des russischen
Rates für internationalen Fragen, Viktor Katona, bemerkt
dazu, dass drei Viertel des abgebauten Gases in Kasachstan aus den zwei großen Erdölvorkommen Tengis und
Karatschaganak stammen. Die seit Beginn des Abbaus der
Kaschagan-Vorkommen geförderte Menge widerspricht
den von Roland Götz angenommenen Zahlen.[6] Bisher
lieferte Kasachstan sein Erdgas nach Russland und nach
SWAP-Schemen nach Usbekistan.[7]

Nach den Angaben von Kaztransgas, begann Kasachstan
2017 auch Gas nach China zu verkaufen und wird künftig
insgesamt 5 Mrd. Kubikmeter im Jahr dorthin exportieren. Der kasachische Energieminister Kanat Bosum-
bayew schätzt ein, dass sein Land diese Menge auf bis zu
10 Mrd. Kubikmeter erweitern könnte.[8] Im Zusammenhang mit der Exporterweiterung ist von großem Interesse das Kasachstan, das für seinen Erdgasexport bisher
russisches Territorium nutzt, künftig direkt nach Europa

---

[5] http://www.webeconomy.ru/index.php?page=cat&newsid=1603&type=news

[6] http://russiancouncil.ru/analytics-and-comments/analytics/resursy-kaspiyskogo-
regiona-turkmenistan-kazakhstan-iran-i-rossiya/

[7] https://liter.kz/ru/articles/show/16060-kazahstan_na_poroge_gazovoi_nezavi-
simosti

[8] http://www.rosbalt.ru/world/2017/10/17/1653684.html

exportieren will. Bereits seit dem Herbst 2017 gehört auch die Ukraine zu seinen Kunden.[9]

Auf der Tagung des Kooperationsrates Europäische Union-Aserbaidschan im Februar 2018 in Brüssel berichtete der Ko-Präsident des Kooperationsrates, Maros Shefovic, über Pläne zusätzlicher Gaslieferungen aus Kasachstan und Turkmenistan unter Umgehung des russischen Territoriums über den Südtransportkorridor. Dazu ist das Projekt für eine Unterwassergasleitung auf dem Boden des Kaspischen Meeres von Kasachstan/Turkmenistan nach Aserbaidschan vorgesehen. Durch diese Pipeline könnten in Zukunft bis zu 40 Mrd. Kubikmeter Gas nach Europa geliefert werden. Ein Vorhaben, dass erwartungsgemäß von Russland und dem Iran nicht gerade begrüßt wird.[10]

---

[9] http://kazakh-tv.kz/ru/view/business/page_188682_kazakhstan-narastil-post-avki-szhizhennogo-gaza-v-ukrainu.

[10] https://kapital.kz/gosudarstvo/67268/evropa-zhdet-gaz-iz-kazahstana.html

14

Aserbaidschan

Nach den aserbaidschanischen Daten (Trend News Agency) betragen die sicheren Gesamtgasvorräte von Aserbaidschan 2,55 Billionen Kubikmeter.[1] In dem bereits erwähnten Bericht bestätigt Roland Götz im gewissen Maße die Daten der aserbaidschanischen Trend News Agency. Dabei betragen die Vorkommen in Aserbaidschan 1900 Mrd., Turkmenistan 6000 Mrd., Kasachstan 2500 Mrd. und in Usbekistan 1500 Mrd. Kubikmeter Gas. Insgesamt umfassen diese Ressourcen 11.900 Mrd. Kubikmeter. Das Exportpotenzial dieser vier Länder wird zum Jahr 2020 auf 207 Mrd. Kubikmeter eingeschätzt. Mit den auf 1,2 Billionen Kubikmeter geschätzten Vorräten gehört in Aserbaidschan das einige

---

[1] https://www.trend.az/infographics_page.php?id=5787

© Springer Fachmedien Wiesbaden GmbH,
ein Teil von Springer Nature 2018
O. Nikiforov, G.-E. Hackemesser, *Die Schlacht um Europas Gasmarkt*,
https://doi.org/10.1007/978-3-658-22155-3_14

Hundert Meter unter dem Kaspischen Meer gelegene Gasvorkommen Shah Deniz zu den größten Vorkommen
dieser Region. Der russische Autor Sergej Zhiltsov spricht
dagegen in seinem Buch *Kaspische Pipelinegeopolitik* (2011,
S. 189) von nur 625 Mrd. Kubikmetern an Gasvorräten. Im
Dezember 2006 begann die aserbaidschanische Staatsfirma
SOCAR in Shah Deniz mit der Förderung und erreichte in
der ersten Stufe (2014) 9,9 Mrd. Kubikmeter. Als Operator
dient das Unternehmen BP Aserbaidschan, das einen Anteil
von 25,5 Prozent besitzt. Zu den Aktionären mit zehnpro-
zentiger Beteiligung zählt auch ein Tochterunternehmen
der russischen privaten Erdölfirma Lukoil – Lukagip N.V.

Nach heutigen Prognosen sind in Shah Deniz in der
zweiten Stufe 16 bis 24 Mrd. Kubikmeter Förderleistung zu
erreichen. Dieses Vorkommen bot bisher die Voraussetzungen für den sogenannten südlichen Gaskorridor und somit
in allererster Linie für die Erweiterung der Südkaukasi-
schen Gasleitung Baku-Tiflis-Erzurum und der Trans-Anatolian-Natural-Gaspipeline (TANAP), die Aserbaidschan
über Georgien und die Türkei mit Griechenland verbindet.
Ihre Verlängerung von Griechenland über Albanien nach
Italien ist dann die Europa-Trans-Adriatic-Pipeline (TAP).
Die ersten Mengen über diese neue Route sind im Jahr
2020 vorgesehen. Damit will man auch hier, die Abhängigkeit von russischen Gaslieferungen zumindest beschränken.

In den 1990er-Jahren galten die Gasvorräte in Aserbaidschan fast als erschöpft. Käufer war nur die naheliegende
Türkei, weil für weitere Exporte eine dafür notwendige
Pipeline fehlte. Die neue nationalistisch und antirussisch
ausgeprägte Führung Aserbaidschans unter dem Ex-Dissi-
denten Abulfas Eltschibei nahm ab März 1992 Kontakte

mit westlichen Erdölfirmen auf, um nach neuen Vorkommen zu suchen. Gleichzeitig wurde die bisherige Zusammenarbeit mit russischen Firmen eingeschränkt. Im Ergebnis folgten eine Reihe von Verträgen mit BP und Statoil im Bereich der Forschung und dem Abbau geplanter Erdöl- und Gasfelder. Das änderte sich nach dem Tod von Eltschibei im Herbst 1993, als in Baku mit Geidar Aliew, einer der in der Vergangenheit führenden sowjetischen und kommunistischen Leader der Sowjetunion zum Präsidenten gewählt wurde. Durch ihn wurde dem russischen Erdölkonzern Lukoil die Suche nach Erdöl-und Erdgasvorkommen in Aserbaidschan wieder erlaubt. Es ist zu vermuten, dass Lukoil derartige Privilegien erhielt, weil ihr Firmenchef – der als Oligarch geltende Wagit Alikperow – aus Aserbaidschan stammte. Das würde auch erklären, warum Lukoil schließlich an der Förderung von Shah Deniz beteiligt wurde. Erst seit 2007 erhielt Aserbaidschan Zugang zum türkischen und zum europäischen Markt. Die neuen Möglichkeiten entstanden dann durch die Fertigstellung der South-Caucasus-Pipeline (SCP), die von Baku vom Vorkommen Shah Deniz über Tiflis nach Erzerum entlang der 2005 in Betrieb genommenen Baku-Tiflis-Ceynan-Ölpipeline verläuft.

Um die Lage im Kaspischen Raum zu verstehen, muss man wissen, dass in den 1990er-Jahren ein regelrechter Kampf um Erdöl- und Erdgasvorräte begann. Russland wollte den Zugang westlicher Firmen zu Kaspischen Vorräten beschränken und den rechtlichen Status zum Kaspischen Meer aufrechterhalten, der durch Verträge von 1921 zwischen der Russischen Sozialistischen Förderativen Sowjetrepublik (RSFSR) und Persien sowie von 1940 zwischen

der UdSSR und dem Iran festgelegt wurde. Das hätte
Russland weitgehende Kontrolle des Kaspischen Raumes
gestattet. Als Anreinerstaaten gelten aber außer Russland auch Kasachstan, Turkmenistan, Aserbaidschan und
Iran. Strategisch gesehen gehören zu dieser Region außerdem nicht unmittelbar ans Kaspische Meer angrenzende
Staaten wie Georgien und die Türkei. Ein großes Problem
bestand aber auch darin, dass diese Verträge die Rechte
an der gemeinsamen Wasserfläche regelten, vor allem was
den Schiffsverkehr und die Fischerei anbelangt. Das Kaspische Meer gehört de facto allen angrenzenden Staaten,
die Benutzung des Meeresbodens aber wurde durch diese
Verträge letzten Endes nicht geregelt. Ein bald zu lösendes
Problem! Die russische Strategie ist vom Standpunkt der
Konkurrenz aus zu sehen. Dr. Aleksej Haitun meint „Russland auf dem europäischen Energiemarkt" Moskau 2013,
Nr. 298 in der Reihe der Vorträge des Europa-Instituts,
dass alle Kaspischen Länder als potenzielle Konkurrenten
für russische Produzenten und in erster Linie für Gazprom
gelten. Erdgas dieser Länder sei um 10 bis 15 % billiger als
aus dem Nahen Osten und Nordeuropa und koste 30 bis
35 % weniger als russisches Gas aus Tjumen. Das ist der
Hauptgrund dafür, dass Turkmenistan und Aserbaidschan
die Zusammenarbeit im Energiebereich zu den Nachbarländern Iran und Türkei suchen. Die Kaspische Region
ist sozusagen der größte Konkurrent für Gas und Erdöl
aus dem russischen Tjumen. Über neue Regelungen zum
Rechtsstatus des Kaspischen Meeres in einer Konvention
vom 12.8.18 wird im Kap. 16 berichtet.

Literatur

Alexej Haitun (2013) Russland auf dem europäischen Energiemarkt, Nr. 298, Europa-Institut der Russischen Akademie der
Wissenschaften, Moskau

Sergej Zhiltsov (2011) Kaspische Pipelinegeopolitik, Verlag Ost-
West, Moskau

15

Turkmenistan

Ein bisher weitgehend unbekannter Konkurrent ist in dieser Hinsicht aber auch Turkmenistan, das den vierten Platz in der Welt in der Erkundung von Gasvorräten einnimmt. Über deren genauen Umfang gibt es unterschiedliche Schätzungen. Roland Götz z. B. schreibt, dass die Resultate einer noch von Präsident Saparmurad Nijasov bei der US-amerikanischen Consultingfirma De Goyler & Mc-Naughton 2005 im Auftrag gegebenen Bewertung der Reserven des seit 1982 größten entwickelten Gasfeldes „Dauleabat" von turkmenischer Seite nie bekannt gegeben wurden. Präsident Nijasov selbst hatte die Gasreserven Turkmenistans 2003 mit 22,5 Billionen Kubikmetern angegeben. Götz meint dazu, dass es sich lediglich um vermutete, jedoch keinesfalls um bekannte und rentabel gewinnbare Vorkommen gehandelt haben könnte. Laut der Bundesanstalt für

© Springer Fachmedien Wiesbaden GmbH,
ein Teil von Springer Nature 2018
O. Nikiforov, G.-E. Hackemesser, *Die Schlacht um Europas Gasmarkt*,
https://doi.org/10.1007/978-3-658-22155-3_15

Geowissenschaften und Rohstoffe (BGR) wurden die turkmenischen Vorkommen 2005 auf 2,8 Billionen Kubikmeter und die Ressourcen auf 6 Billionen Kubikmeter geschätzt. Nach den 2006 entdeckten Gasvorkommen Südjolotan und des benachbarten im März 2007 entdeckten Gasfeldes Osman gibt es neue Erkenntnisse über die Vorräte. Heute wird davon gesprochen, dass sie mit Berücksichtigung der entdeckten Vorkommen bis 10 Billionen Kubikmeter betragen. Am 11. Oktober 2011 verkündeten Vertreter der britischen Wirtschaftsprüferfirma Gaffney, Gline & Associates (GCA) in Aschgabat wiederum neue Zahlen zum Volumen dieser Vorkommen. So nannten die Einschätzungen minimal 13,1 Billionen Kubikmeter und maximal 21,2 Billionen Kubikmeter. Das würde bedeuten, dass Südjotan nach dem Vorkommen Süd-/Nord-Pars, das Iran und Katar gehört, den zweiten Platz in der Rangliste der größten Gasvorkommen einnimmt und die russischen Gasquellen Yamburg sowie Urengoj auf Plätze dahinter verdrängt. Deren Gas geht in erstere Linie über eine Pipeline nach China, das 14 Mrd. USD für den Ausbau dieser Vorkommen bisher ausgegeben hat.

Die turkmenischen Gasvorkommen befinden sich zu 80 % in erster Linie im Zentrum des Landes. Daher ist die Gasinfrastruktur des Landes relativ gut ausgebaut (Abb. 15.1), wie Haitun in der Energie-Beilage für die *Nesawissimaja Gaseta* vom 13. Dezember 2017 im Artikel „Energetische Aussichten Turkmenistans in der euroasiatischen Region" schreibt. Turkmenistans hat zum Ziel, bis 2030 die Gasförderung auf bis zu 250 Mrd. Kubikmeter zu erhöhen. Zu diesem Zeitpunkt soll auch der Gasexport auf 180 Mrd. Kubikmeter im Jahr ansteigen. Der oben genannte

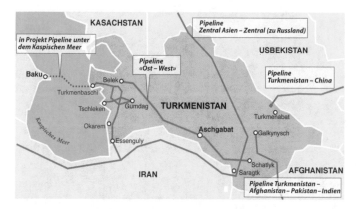

Abb. 15.1 Turkmenistan im Kommen – mit gut ausgebauter Infrastruktur will das Land bis 2030 die Förderung auf 250 Milliarden Kubikmeter Gas erweitern. (Quelle: Michail Mitin)

Experte Götz schätzt das mittelfristige Gasförderpotenzial von Turkmenistan auf rund 150 Mrd. Kubikmeter. So werden für den Export unter Berücksichtigung des künftigen Eigenverbrauchs realistisch rund 130 Mrd. Kubikmeter zur Verfügung stehen. Das alles hängt natürlich davon ab, welche Preiskonditionen die betreffenden Abnehmer bieten und welche Transportmöglichkeiten genutzt werden können. Auch hier besteht nach wie vor das Problem, dass die erforderlichen Gasleitungen fehlen.

Literatur

Aleksej Haitun (2017) Energetische Aussichten Turkmenistans in der euroasiatischen Region, Nesawissimaja Gazeta Beilage NG-Energie von 13.12.2017

16

Zusammenarbeit mit Gazprom

Bis 2009 exportierte Turkmenistan Gas über die noch zu Sowjetzeiten gebauten Gaspipelines in Kasachstan an Russland, das wiederum nach Europa zu Spotpreisen weiterverkaufte. Ein Teil des turkmenischen Gases wurde von russischen Verbrauchern im Süden genutzt. In den Jahren 2008 bis 2009 fielen wegen der Krise die allgemeinen Gaspreise auf dem Weltmarkt. Das Geschäft brachte für Russland große Verluste, weil Gazprom turkmenisches Gas nach langfristigen Kontrakten zu festen Konditionen kaufte. Europa verzichtete damals darauf, russisches Gas zu den früheren Preisen zu kaufen, weil die Nachfrage allgemein sank. Gazprom forderte die turkmenische Seite auf, ebenfalls ihre Forderungen den allgemeinen Marktpreisen anzupassen. Der russische Monopolist ging davon aus, dass Turkmenistan keine Alternative hatte. Als die turkmenische Seite die Preise

© Springer Fachmedien Wiesbaden GmbH,
ein Teil von Springer Nature 2018
O. Nikiforov, G.-E. Hackemesser, *Die Schlacht um Europas Gasmarkt*,
https://doi.org/10.1007/978-3-658-22155-3_16

jedoch nicht senken wollte, stellte Gazprom den Einkauf ein und sperrte die Leitungen aufgrund „technischer" Probleme. Wegen angeblichem Druckabfall gab es eine Serie von Explosionen. Die russische Seite schrieb dann die Schuld für die Unglücksfälle dem hohen Abnutzungsgrad der turkmenischen Gasinfrastruktur zu.[1]

Turkmenien besaß zu dieser Zeit keine Gasspeicher auf eigenem Territorium. Ein großes Problem für das Land, das zu damaliger Zeit mehr als 70 Mrd. Kubikmeter förderte und 47 Mrd. Kubikmeter exportierte. Der turkmenische Anteil im Gasportfolio von Gazprom betrug damals allein 20 %. Ungeachtet der Verhandlungen auf hoher Ebene kaufte Gazprom bis zum Jahre 2010 aus Turkmenistan kein Gas mehr und ersetzte es teilweise durch Lieferungen aus Usbekistan. Ab Januar 2016 stellte Gazprom den Gashandel mit Turkmenistan ganz ein. Ein Grund dafür war, dass die turkmenische Seite den russischen Konzern – nach einer eigentlich relativen Stabilisierung – der Zahlungsunfähigkeit bezichtigte: Ein triftiger Grund für eine Serie von Gerichtsprozessen zwischen beiden Seiten.

Ursprünglich hatte Gazprom 2010 nach dem Prinzip Take-or-Pay turkmenische Gaslieferungen in Höhe von je 10 Mrd. Kubikmetern vereinbart. Aufgrund fallender Weltgaspreise kaufte der russische Staatskonzern zwei Jahre später nur noch 4 Mrd. Kubikmeter. Die Rechtmäßigkeit dieses Abkommens ist deshalb auch seit 2015 der Ausgangspunkt für den Streit im Stockholmer Schiedsgericht.[2]

---

[1] http://www.ng.ru/ng_energiya/2017-12-12/9_7134_turkmenistan.html.

[2] https://neftegaz.ru/news/view/139730-Gazprom-podal-v-Stokgolmskiy-arbitrazhnyj-sud-na-Turkmenistan

Auf der Suche nach neuen Partnern schloss Turkmenistan noch im April 2016 einen Vertrag mit der deutschen Firma RWE über Gaslieferungen nach Europa. RWE war bereits früher an neuen Vorkommen in diesem Land interessiert. Gleichzeitig führte Turkmenistan Verhandlungen mit pakistanischen Vertretern über die Gasleitung TAPI (Turkmenistan-Afghanistan-Pakistan-Indien) und Lieferungen turkmenischen Gases. Außerdem ging es um den Bau der Gasleitung Nabucco. Schon 2010 wurde die Gasleitung mit einem Durchlass von bis zu 12 Mrd. Kubikmetern jährlich vom damals größten Vorkommen Dowletabad in den Iran gebaut.

Der Bau einer Transkaspischen Pipeline (siehe Kap. 13) ist jedoch für Turkmenistan und für Kasachstan von großem Interesse. In Erwartung dieser Leitung hat Turkmenistan bereits 2015 eine entsprechende innere Infrastruktur geschaffen und in Betrieb genommen. Über diese Ost-West-Gaspipeline, die die Vorkommen Südjolotan und Dauletabad im Osten des Landes mit den westlichen Bezirken und mit der Küste des Kaspischen Meeres verbindet, können jährlich 30 Mrd. Kubikmeter transportiert werden. Die russische Expertin Viktoria Panfilowa der *Nesawissimaja Gaseta* ist noch skeptisch, ob eine solche Vereinbarung reibungslos funktionieren wird. In ihrem Artikel „Kaspisches Meer wird in Sektoren aufgeteilt" in der *Nesawissimaja Gaseta* vom 7. Dezember 2017 beruft sie sich auf die Meinung von Dr. Alexander Kajasew aus dem Institut für orientalische Studien der Russischen Akademie der Wissenschaften. Er meint, dass die Vereinbarungen über den Boden des Kaspischen Meeres, die Konflikte über die Teilung der Gasvorräte und die Verlegung der Gasleitungen nicht beseitigen werden. Diese Misshelligkeiten könnten unter Umständen zu weniger zivilisierten Formen der Auseinandersetzung führen. Er erwähnt in diesem Zusammenhang die Kaspische Flotte der russischen Marine. Generell sind solche Vereinbarungen erste Schritte zur Regelung der Benutzungsrechte des Meeresbodens. Natürlich ist das Abkommen in erster Linie für Turkmenistan und Aserbaidschan sehr wichtig. Die Idee der Transkaspischen Gaspipeline wurde wieder in Erwägung gezogen und die Wiederbelebung des Projekts Nabucco wäre eher möglich. Gerade weil es bisher nur die Möglichkeit gab, turkmenisches Gas in den Iran zu transportieren.

Die wichtigste Entscheidung für den möglichen Bau der Transkaspischen Pipeline fiel am 12. August 2018. Die Präsidenten von fünf kaspischen Anrainerstaaten unterzeichneten dazu in Aktau die Konvention über den Rechtsstatus des Kaspischen Meeres. An diesem Dokument von historischer Bedeutung, das Experten als „Grundgesetz" des Kaspischen Meeres bezeichnen, wurde mehr als zwei Jahrzehnte gearbeitet. Diese Konvention ist in erster Linie ein Kompromiss, der allen Seiten gestattet, den wesentlichen Teil der Wasseroberfläche gemeinsam zu benutzen. Der Meeresgrund und mögliche Bodenschätze des Kaspischen Meeres sollen außerdem von den Küstenstaaten nach Absprache und auf Grund des Völkerrechts in Sektoren aufgeteilt werden. Schifffahrt, Fischerei, wissenschaftliche Forschungen und die notwendige Verlegung einer Fernrohrleitung erfolgen nach abgestimmten Regeln, wobei auch bei allen größeren Projekten der Umweltschutz berücksichtigt werden muss. Außerdem verbietet das Abkommen die

Anwesenheit fremder Streitkräfte am Kaspischen Meer und legt fest, dass alle fünf beteiligten Anrainerstaaten die Verantwortung für die Sicherheit am Meer und für die Verwaltung seiner Ressourcen tragen.

Die russische Nachrichtenagentur Sputnik berichtete über zahlreiche Schwierigkeiten bei der Reglung des allgemeines Status. Unter anderem ging es um die Entscheidung, ob es sich um einen See oder ein Meer handele, für die unterschiedliche Völkerrechtsbestimmungen bestehen. Dieser Umstand war eines der Hindernisse für den Bau der Transkaspischen Gaspipeline, die das Gas aus Turkmenistan über den Meeresgrund nach Aserbaidschan und von dort weiter nach Europa transportieren soll. Letztendlich wurde festgelegt: Das Kaspische Meer sei gleichzeitig See und Meer. Wie der stellvertretende Leiter der Abteilung für Mittelasien und Kasachstan vom Institut der GS-Staaten Andrej Grosin, gegenüber Sputnik erläuterte, würden die fünf Küstenstaaten „gewisse Hybride" bilden, wenn es um die Aufteilung und die freie Wirtschafts- und Fischfangzone gehe. Im Ergebnis bekomme man ein „absolut einzigartiges Dokument." Die Konvention sei auch deshalb wichtig, weil sie als Vorbild gelten könne, wie mittels diplomatischer Bemühungen komplizierte, langwierige, gefahrenträchtige Probleme gelöst werden könnten.[3]

Was bedeutet dieses Übereinkommen für Russland? Stanislaw Prittschin von der Moskauer US-Carnegie-Stiftung schrieb in einem Beitrag „Kaspische Verfassung. Worüber haben fünf kaspischen Länder in Aktau Vereinbarungen

---

[3] https://de.sputniknews.com/politik/20180812321926387-postsowjet-staaten-signieren/

getroffen", dass der neue Status des Kaspischen Meeres einen für Russland wichtigen Aspekt betont: es wird garantiert, dass in den Gewässern keine Streitkräfte von Nicht-Anrainern stationiert werden dürfen. Das ist sowohl für Russland als auch für den Iran wegen der Verschlechterung der Beziehungen zu den USA besonders wichtig. Wie im Kap. 12 berichtet, haben die USA vitale Interessen an diesem Bereich. Noch im Frühjahr 2018 meldete die russische Nachrichtenagentur Regnum, dass der kasachische Präsident einen Vertrag mit den USA unterschreiben wollte, um die Häfen an Kaspischen Meer Aktau und Kuryk für die Transit-Route der US- Transporte aus Afghanistan zur Verfügung zu stellen. Das ist jetzt nicht mehr möglich, auch aufgrund der Zugeständnisse Russlands in Fragen des Baues der Trans-Caspian-Pipeline.[4]

Wie Prittschin schrieb, half dabei auch das Umwelt-Protokoll, das am 20.Juli 2018 in Moskau von den zuständigen Ministern der kaspischen angrenzenden Staaten unterschrieben wurde. Danach sollen die Unterlagen zum Bau der Trans-Caspian-Pipeline vorerst an alle beteiligten Länder bis zu 180 Tange zur Überprüfung übergeben werden. Doch es wäre allerdings auch möglich, dass die Pipeline wegen zahlreicher notwendiger Umweltschutzmaßnahmen zu teuer wird und der Bau deshalb infrage gestellt werden könnte.[5]

---

[4] https://regnum.ru/news/2408743.html.

[5] https://carnegie.ru/commentary/77043

Literatur

Viktoria Panfilowa (2017) Kaspisches Meer wird auf Sektoren aufgeteilt, Nesawissimaja Gazeta vom 07.12.2017

17

Expansion nach Südeuropa

Den Markt für die Lieferungen von russischem Gas in Südeuropa zu gewährleisten, ist eines der wichtigsten Ziele des
Unternehmens Gazprom und der anderen russischen Gasanbieter. Dazu gehört auch die Ausschaltung möglicher
Konkurrenten in dieser Region durch ihre Preispolitik und
den Versuch der Einflussnahme auf die entsprechenden
Entscheider in Politik und Wirtschaft. Nicht zuletzt haben
die Probleme mit dem Gastransport über die Ukraine dazu
geführt, dass Gazprom mehr Augenmerk auf die Kunden
in Südeuropa haben muss. Das erklärte Ziel von Gazprom
besteht, so schreibt Prawosudow in seinem Buch *Erdöl und
Erdgas. Geld und Macht* (S. 238–239), im stabilen Zugang
zu den Endverbrauchern in Südosteuropa. Dazu gehören in
erster Linie Bulgarien, Türkei und auch Italien. Das wurde
ihm im Gespräch mit dem Gazprom-Export-Direktor

© Springer Fachmedien Wiesbaden GmbH,
ein Teil von Springer Nature 2018
O. Nikiforov, G.-E. Hackemesser, *Die Schlacht um Europas Gasmarkt*,
https://doi.org/10.1007/978-3-658-22155-3_17

Stanislaw Zygankow bereits 2009 bestätigt. Seinen Worten nach ist der Zugang zu den Endverbrauchern nur im Rahmen der wirtschaftlichen Zweckmäßigkeit als Quelle für zusätzlichen Profit zu betrachten. Dazu ist vor allem das Verständnis dafür Voraussetzung, dass es unter den Endverbrauchern die Großbetriebe und die Bevölkerung gibt. Die Letzteren werden durch die Gasversorgungsfirmen vor Ort bedient. Prawosudow ist in seinem Buch „Erdöl und Erdgas. Geld und Macht" (S. 238) der Auffassung, dass „die Erfahrungen auf dem deutschen Markt Anfang 1990 als ‚WINGAS' mit der deutschen Firma Wintershall" gegründet wurde, große Bedeutung für die Zukunft gerade für Gemeinschaftsunternehmen mit lokalen Firmen erlangt haben. Dieses Prinzip helfe Gazprom auf den wichtigen europäischen Märkten Fuß zu fassen. Dazu zählen auch Bulgarien, Rumänien oder die Türkei, die nach Deutschland zweitgrößter Importeur von russischem Erdgas ist. Es stellt sich die Frage jedoch, ob diese Länder auch in Zukunft russisches Gas über die Pipeline in der Ukraine erhalten werden.

In der ukrainischen Stadt Ushgorod laufen die vier Hauptleitungen für den Gastransport zusammen. Das sind die Pipelines Orenburg-Ushgorod mit einer Jahreskapazität von 26 Mrd. Kubikmetern, Urengoj-Ushgorod mit 28 Mrd. Kubikmetern, Yamburg-Ushgorod mit 26 Mrd. Kubikmetern und die Gasleitung Dolina-Ushgorod, einer Abzweigung der Gasleitung Yamal-Europa ab den russischen Städten Torshok und Smolensk, mit 17 Mrd. Kubikmetern. Alle diese Leitungen dienen heute für die Gasversorgung der Länder Deutschland, Slowakei, Tschechien, Österreich, Frankreich, Schweiz, Slowenien und Italien.

Die russisch-türkische Zusammenarbeit im Gasbereich begann bereits 1984 mit einem Abkommen zwischen der türkischen Regierung und der Sowjetunion über künftige Erdgaslieferungen. Sie sollten über die Transbalkanische Gasleitung erfolgen. Dieser westliche Korridor, der durch die Ukraine, Moldawien, Rumänien und Bulgarien verläuft ist eine Abzweigung der Gasleitung Yamburg-Ushgorod.

Heute wird davon ausgegangen, dass möglicherweise der 2019 auslaufende Vertrag mit der Ukraine über den Gastransport aus Russland auch nicht verlängert wird. Das betrifft gleichfalls den Vertrag über den Gastransport über die Transbalkanische Gasleitung. Deswegen ist die Suche nach alternativen Routen der Südeuropagasbesorgung besonders akut geworden. Um die Bedeutung der Türkei für die russische Gasversorgung Südeuropas richtig zu verstehen, ist zu berücksichtigen, dass das Land selbst ca. 50 Mrd. Kubikmeter Gas im Jahr verbraucht, die es zu 99 % importieren muss. Der türkische Wissenschaftler Dr. Volkan Ozdemir vom Institut EPPEN (Energy Markets and Policies Institute Ankara) schreibt in einem Beitrag für NG-Energy in der *Nesawissimaja Gaseta*, dass Russland mehr als 14 Mrd. Kubikmeter über die Transbalkanische Gasleitung und bis 19 Mrd. Kubikmeter Erdgas über die Blue-Stream-Pipeline in die Türkei liefert.[1]

Insgesamt fließen heute ca. 27 Mrd. Kubikmeter Erdgas aus Russland an türkische Verbraucher. Dazu verpflichtet sich die Türkei gegenüber Russland zu 30 % der Kohle- und 15 % der Erdöl- und -produkteimporte. Zusätzlich

---

[1] http://www.ng.ru/energy/2016-01-12/12_turkey.html; http://www.ng.ru/ideas/2016-10-10/9_turkey.html

deckt die Türkei 4 % ihres Gasbedarfes aus dem Iran. Etwa die Hälfte davon wird für die Energieversorgung des Landes und jeweils 25 % für die Industrie und die anderen kommerziellen Verbraucher verwendet.[2]

Als die Probleme mit der Gaslieferung über die Ukraine für die damalige Gazprom-Leitung auftraten, wurde 1997 im Rahmen eines russisch-türkischen Abkommens das Projekt Blue-Stream-Pipeline unterzeichnet (Abb. 17.1). Der Vertrag verpflichtete Russland in den Jahren 2000 bis 2025, 5 Mrd. Kubikmeter in die Türkei zu liefern. Am 30.

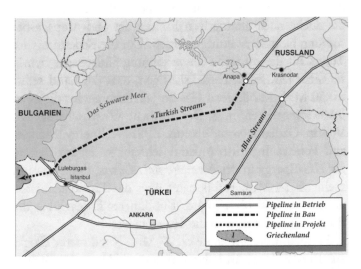

Abb. 17.1 Das Projekt Turkish-Stream ist nach dem Scheitern der Süd-Stream ist es für Gazprom von großer politscher Bedeutung. (Quelle: Michail Mitin)

---

[2] http://www.ng.ru/energy/2016-01-12/12_turkey.html

Dezember 2002 ging dann die Blue-Stream-Pipeline mit dem Gazprom-Partner auf türkischer Seite, der Staatsfirma BOTAŞ Petroleum Pipeline Corporation (BOTAS), in Betrieb. Diese Leitung hat eine Länge von 1213 km und besteht aus drei Teilen. Das sind die Landstrecke von der Stadt Isobilny im Stavropoler Kraj bis zur Küste des Schwarzen Meeres, die Seestrecke auf dem Boden des Schwarzen Meeres in einer Tiefe bis zu 2200 Metern und der Verlauf von der türkischen Stadt Samsun bis Ankara, wo die Pipeline an das Gasnetz anschließt. Bereits 2010 wurde hier die volle Kapazität erreicht. Zu den Eigentümern der Pipeline zählen heute neben Gazprom auf dem russischen Territorium, in der Türkei die Firma Botas Petroleum Pipeline und für den Unterwasserteil das Gemeinschaftsunternehmen Blue Stream Pipeline Company B.V., das Gazprom und der italienischen Erdölfirma Eni gehört.[3]

Ganz sicher hatte Gazprom mit der Blue-Stream-Pipeline weitergehende Pläne. Ursprünglich wurde an eine Verlängerung dieser Pipeline in Richtung Israel und Italien mit einer Jahreskapazitätserweiterung auf das Doppelte, auf 32 Mrd. Kubikmeter gedacht. Dazu sollte extra eine zweite Leitung parallel zur Blue-Stream-Pipeline gebaut werden. Gazprom wollte gemeinsam mit Eni/Italien als Partner durch diese zweite Pipeline bis zu 5 Mrd. Kubikmeter jährlich nach Italien und außerdem nach Griechenland sowie Ungarn und Bulgarien liefern. Auf diese Weise wollte Russland den Plänen für den Bau von Gasleitungen aus der Kaspischen Ecke, der Pipeline Nabucco

---

[3] http://www.gazprom.ru/about/production/projects/pipelines/active/blue-stream/

und weiteren Projekten mit dem Südgaskorridor sowie „South-Caucasus-Pipeline"(SCP) und der Transkaspischen Pipeline zuvorzukommen. Der Bau der Transkaspischen Pipeline war seinerzeit 1999 von den Regierungschefs der Türkei, Aserbaidschans, Turkmenistans und Georgiens mit der Unterzeichnung eines gemeinsamen Regierungsabkommens beschlossen worden.

Ursprünglich wurde die Idee der Blue-Stream-2-Pipeline im Jahre 2002 geboren. Ende August 2005 berieten Vladimir Putin und Recep Tayyip Erdogan erneut über den Bau der zweiten Pipeline sowie eine Erweiterung der Blue-Stream in Richtung Samsun-Ceyhan und weiter nach Südosteuropa. Im Jahr 2009 wurde dann vom russischen Ministerpräsidenten Putin konkret das Projekt Blue-Stream-Pipeline-2 parallel zur Blue-Stream-Pipeline vorgeschlagen. Russisches Gas sollte auch nach Syrien, Libanon, Israel und Zypern verkauft werden. Zum Bau der Blue-Stream-Pipeline-2 ist es jedoch nicht gekommen. Hauptgründe waren die Entdeckung umfangreicher Gasvorkommen im Mittelmeer und der politische Druck der USA auf die Türkei, die eine strategische Partnerschaft zwischen Russland und der Türkei befürchtete. Mit dem zweiten Strang besteht aber nicht nur allein die Absicht, durch die Gasversorgung der nahliegenden Nachbarn Geld zu verdienen. Die bereits erwähnte russische Journalistin Natalie Grib behauptet in ihrem Buch *Gaskaiser* (S. 132), dass die Energiestrategie von Putin über die gegenseitige Abhängigkeit von Russland und Europa nicht die einzige russische Erfindung auf diesem Gebiet ist. Sie war eigentlich noch ein Bestandteil des bereits 1960 bis 1970 realisierten europäischen Programms „Erdgas gegen Röhren". Nach Meinung der Autorin stand damals der erste Leiter des italienischen Energiekonzerns Eni (Ente Nazionale Idrocarburi), Enrico Mattei, dahinter. Eni privilegierte in den 1960er-Jahren Erdgas als wichtigste Energiequelle und schloss Importverträge mit Holland und der damaligen Sowjetunion ab. Hintergrund waren vor allem die in dieser Zeit gesteigerten Erdölpreise. Später versuchte Putin, diese Argumente in geänderter Form aufgrund seiner politischen und wirtschaftlichen Überlegungen für die Festigung der Beziehungen Russlands einzusetzen.

Im Jahre 2005 sprach Putin bei der Eröffnung der Gasleitung Blue-Stream in der Türkei über Pläne für die Gründung eines Südeuropäischen Gasringes. Damit wurde die Pipeline Blue-Stream-2 bis Italien geplant und Putin rechnete mit der Unterstützung des damaligen italienischen Ministerpräsidenten Silvio Berlusconi. Aus den verschiedensten Gründen wurde dieses Projekt jedoch nicht realisiert. Hinter der Idee der South-Stream standen sowohl rein wirtschaftliche als auch politische Interessen. Einmal war klar, dass Russland die Leitung brauchte, um die nicht mehr sicheren Lieferungskanäle über die Ukraine zu umgehen. Auch der Weg über das NATO-Land Türkei wurde als nicht mehr sicher betrachtet. Diese Auffassung ergab sich vor allem aus dem Projekt Nabucco (siehe auch Kap. 7), bei dem die Türkei eine aktive Rolle spielte. Im Jahr 2002 standen hinter der Nabucco-Idee sowohl die USA als auch Brüssel. Der russische Experte Sergei Shiltsow schreibt in seinem Buch *Die russische Politik in der Kaspischen Region* (S. 182), dass der führende Analytiker der Stiftung Heritage Foundation, Ariel Cohen, bestätigte, dass es den US-Interessen entspricht, wenn die Kohlenwasserstoffe aus der Kaspischen Region nicht über Russland transportiert werden. Der deutsche Analytiker Franz-Lothar Altmann schreibt im Juni 2007 im Artikel der Stiftung Wissenschaft und Politik, „Südosteuropa und die Sicherung der Energieversorgung in der EU",[4] dass der Vertrag zur Gründung der Energiegemeinschaft EU-Südosteuropa vom Oktober 2005 dazu diente, den Rechtsrahmen für einen integrierten Energiemarkt zu schaffen. Zu den Unterzeichnern dieses Vertrages zählten neben den EU-Mitgliedsländern die südosteuropäischen Staaten Bulgarien, Rumänien, Serbien, Montenegro, Makedonien, Albanien, Bosnien und Herzegowina, Kroatien und Kosovo. Auf dieser Grundlage sollte Südosteuropa zur wichtigsten Gastransportregion für Zentralasien, der Kaspischen See und dem Schwarzen Meer sowie des Nahen Ostens und der EU ausgebaut werden. Nach der Meinung Altmanns, ergibt sich hieraus sowohl für Südosteuropa als auch für die gesamte EU eine starke Erweiterung der Chancen für eine umfassende Versorgung mit den Energieträgern. Dazu schreibt der Balkanexperte der Stiftung Wissenschaft und Politik, Dr. Dusan Reljic, im Juli 2009 in *Russlands Rückkehr auf den Westbalkan* (SWP-Studie 17/2009),[5] dass sich die Energieversorgung zu einem dritten Pfeiler des Moskauer Einflusses auf die Westbalkanländer entwickelte. „Dabei darf nicht vergessen werden," wie der Autor behauptet,

> dass Russland seine Politik der Anbindung an den Westen bei wichtigen Fragen der Internationalen Politik, die es zu Anfang der postsowjetischen Zeit verfolgte, nicht zuletzt

---

[4] https://www.swp-berlin.org/publikation/suedosteuropa-und-eu-energieversorgung/

[5] www.swp-berlin.org/fileadmin/contents/products/studien/2009_S17_rlc_ks.pdf

aufgrund der negativen Erfahrungen während der jugosla-
wischen Krise aufgegeben und einen Kurswechsel in Richtung Selbstbehauptung vollgezogen hat, den es bis hin zur
offenen Konfrontation einhält.[6]

Seitdem hätte Russland praktisch immer mehr die westliche Politik auch in der Energiefrage unter Gesichtspunkten
der Einkreisung betrachtet.

Unter dieser Auffassung war noch 2002 mit dem Nabuc-
co-Projekt und der Gasleitung Turkmenistan/Aserbaid-
schan mit einer Jahreskapazität von 26 bis 32 Mrd. Kubikmetern und der Länge von 3300 km in Betracht gezogen
worden, Russland aus dieser Region zu verdrängen. Schließlich wurde die Umsetzung des Nabucco-Projektes aufgrund
hoher Kosten und dem Fehlen genauerer Daten über den
Erdgasdurchsatz mehrmals verändert und im Juni 2013
durch das Transadriatische Projekt ersetzt. Die Konkurrenz zwischen den zwei Projekten Nabucco und TAP waren
damals wichtigster Grund für den Verzicht auf die vorgesehene Leitung. So schreibt der *Schweizerische Tagesanzeiger*,
dass Nabucco mit gut 1300 km deutlich länger und teurer
als die TAP geworden wäre. Russland wollte damit ähnli-
chen Vorhaben westlicher Prägung ein eigenes Projekt prä-
sentieren – Süd-Stream.[7]

Gazprom und Eni hatten bereits am 23 Juni 2007 in Rom
einen ersten Vertrag über die Projektierung, Finanzierung,
den Bau und die Verwaltung des Süd-Stream-Projektes

---

[6] www.swp-berlin.org/fileadmin/contents/products/studien/2009_S17_rlc_ks.pdf

[7] https://www.tagesanzeiger.ch/wirtschaft/konjunktur/PipelineProjekt-Die-Wuerfel-
sind-gefallen/story/315905799-

unterzeichnet. Ursprünglich war die Errichtung der Süd-Stream für 2012 geplant, die dann auf 2013 verschoben wurde. Bereits ab 2015 sollten über diese Gasleitung in Europa 63 Mrd. Kubikmeter Erdgas fließen. Der Routenverlauf war aus der Anapa-Region in Russland über das Schwarze Meer bis zum bulgarischen Hafen Varna und dann nach Serbien, Ungarn, Slowenien und Italien geplant, mit gleichzeitigen Abzweigungen nach Kroatien und Bosnien-Herzegowina geplant. Im Jahre 2011 wurde in Amsterdam die Firma South-Stream-Transport mit den Beteiligungen von Gazprom, Eni, der französischen EDF Group und der deutschen Wintershall gegründet. Russland schloss entsprechende Verträge für den Gasleitungsbau auf den ländlichen Routen mit den Regierungen von Bulgarien, Serbien, Ungarn, Griechenland, Slowenien Österreich und Kroatien, in deren Rahmen weitere Gemeinschaftsunternehmen entstanden.[8]

Spiegel Online beschreibt am 2. Dezember 2014, dass die Pipeline russisches Gas an der Ukraine vorbei über die geplante Strecke von 2380 km von der russischen Stadt Anapa am Schwarzen Meer bis zum italienischen Grenzort Tarvisiob transportieren sollte. Auf diesem Wege könnten jährlich 63 Mrd. Kubikmeter Gas für bis zu 38 Mio. Haushalte nach Europa gebracht werden. Die Kosten für das Vorhaben wurden auf 16 Mrd. Euro geschätzt. Bislang soll Russland knapp 4 Mrd. Euro investiert haben. Russlands Präsident Putin sagte bei einem Treffen mit seinem

---

[8] http://www.spiegel.de/wirtschaft/unternehmen/south-stream-wie-es-zum-aus-fuer-russlands-pipeline-projekt-kam-a-1006065.html

türkischen Kollegen Recep Tayyip Erdogan, so schreibt der Spiegel weiter, dass die Europäische Union für die Absage verantwortlich sei und Hindernisse errichtet hätte. Der Spiegel bestätigte, dass die EU-Kommission tatsächlich die geplante Leitung deutlich kritisiert hätte, unter anderem wegen angeblichen Verstößen gegen europäisches Recht bei der Vergabe von Bauaufträgen. Doch South-Stream wurde schließlich auch zum Faustpfand in der Ukraine-Krise. So drohte der frühere EU-Energiekommissar Günther Öttinger in der erwähnten Spiegel-Ausgabe mit der Verzögerung der Arbeiten an dem Süd-Stream-Projekt.[9]

Sicher verbargen sich allem Anschein nach dahinter die Befürchtungen, dass die Süd-Stream den Gastransport über das ukrainische Gasnetz überflüssig machen würde. Bei dieser Betrachtung muss berücksichtigt werden, dass praktisch gleichzeitig die Arbeiten für den Bau von Nord-Stream im vollsten Gange waren. Das EU-Parlament fasste im April 2014 eine entsprechende Resolution gegen die Süd-Stream-Pipeline.[10]

Auf Druck aus Brüssel stoppte Bulgarien im Juni 2014 dann vorerst alle Arbeiten an dem Projekt. Ohne die Unterstützung aus Sofia ließ sich jedoch das South-Stream-Projekt nicht fortführen, denn ihr 925 Kilometer langer Abschnitt im Schwarzen Meer, der neben russischen und türkischen auch bulgarische Hoheitsgewässer durchquert hätte, wäre ihr lebensnotwendiges Herzstück gewesen.

---

[9] http://www.spiegel.de/wirtschaft/unternehmen/south-stream-wie-es-zum-aus-fuer-russlands-pipeline-projekt-kam-a-1006065.html

[10] http://www.bpb.de/internationales/europa/russland/analysen/198308/analyse-putins-pipeline-poker-turkish-stream-anstatt-south-stream

Außerdem sollte ursprünglich vom bulgarischen Anland-
epunkt in der Hafenstadt Warna eine 1455 km lange Land-
leitung durch Serbien, Ungarn und Slowenien bis nach
Norditalien führen. Zu diesem Zeitpunkt, so konstatiert
der Spiegel, litt Russland allerdings auch erheblich unter
den niedrigen Ölpreisen und daran, dass die Konjunktur
aufgrund westlicher Sanktionen wegen der Ukraine-Krise
schwächelte. Beobachter glauben, dass all dies dazu beige-
tragen hat, das Projekt zu stoppen.[11]

Am 1. Dezember 2014 sagte Putin bei seinem Treffen
mit Erdogan der Türkei Lieferungen mit Hilfe eines Gas-
umschlagplatzes zu. Nach seinen Worten arbeiten beide
Länder an einer entsprechenden Übereinkunft. Möglich
seien zudem eine Senkung des Preises für russisches Gas um
6 % sowie ein Ausbau der Pipeline Blue-Stream, die bereits
aus Russland durchs Schwarze Meer in die Türkei führt.
Den Europäern drohte Putin zugleich mit einer Umorien-
tierung in Energiefragen. Russland wird seine Ressourcen
in andere Regionen der Welt transportieren und andere
Märkte erschließen, „Europa wird diese Mengen nicht erhalten – jedenfalls nicht von Russland", lautete die Aussage des
Präsidenten.[12] Am gleichen Tag wurde zwischen Gazprom
und der türkischen Firma Botas Petroleum Pipeline Corporation ein Memorandum über den Bau einer Gaspipeline
in Richtung Türkei durch das Schwarze Meer unterschrieben. Die neue Pipeline wird in Krasnodarsky Krai beginnen

---

[11] http://www.spiegel.de/wirtschaft/unternehmen/south-stream-wie-es-zum-aus-
fuer-russlands-pipeline-projekt-kam-a-1006065.html

[12] http://www.spiegel.de/wirtschaft/unternehmen/southstream-putin-droht-mit-
stopp-der-pipeline-nach-suedeuropa-a-1006044.html

und weiter durch den Boden des Schwarzen Meeres verlaufen. Die Gesamtkapazität dieser Gasleitung soll insgesamt 63 Mrd. Kubikmeter, davon 14 Mrd. Kubikmeter für
türkische Verbraucher, betragen. Das entspricht der heute
über die Transbalkanische Pipeline gelieferten Menge. Die
übrigen 50 Mrd. Kubikmeter werden an die türkisch-grie-
chische Grenze geliefert, wo das Gas von anderen europäischen Abnehmern gekauft werden kann. Auf diese Weise
wird Gazprom wenigstens formell die Forderungen des
dritten Energiepaketes einhalten können. So wurde auf
diese interessante Art und Weise das Vorhaben Turkish-
Stream geboren.

Literatur

Sergej Prawosudow (2017) Erdöl und Erdgas. Geld und Macht,
    Verlag KMK, Moskau
Natalie Grib (2009) Gaskaiser, Verlag Eksmo, Moskau
Sergei Zhiltsow (2016) Die russische Politik in der Kaspischen
    Region, Verlag Aspektpress, Moskau

18

Turkish Stream

Das Erdgasprojekt Turkish Stream (Abb. 17.1) zielt auf
den gleichen Markt wie die Leitungen TAP und TANAP
(Abb. 18.1). Russland will damit eine Alternative zu den Gaslieferungen aus der Kaspischen Region nach Europa anbieten. Die 2015 begonnene Transanatolische Pipeline TANAP,
die wie die Turkish Stream durch den Südlichen Korridor
verlaufen und ebenfalls Erdgas nach Griechenland liefern
soll, wird nicht mit russischen, sondern mit Gas aus Aserbaidschan versorgt. Von dort wird es dann in andere europäische Länder, vor allem nach Südosteuropa, weitergeleitet.
Eigentümer der TANAP sind die türkischen Unternehmen
Botas und TPAO mit 20 % sowie der staatliche Konzern
SOCAR aus Aserbaidschan mit 80 %. Es geht hier um einen
Wettlauf gegen die Zeit, weil die TAP als Verlängerung der

© Springer Fachmedien Wiesbaden GmbH,
ein Teil von Springer Nature 2018
O. Nikiforov, G.-E. Hackemesser, *Die Schlacht um Europas Gasmarkt*,
https://doi.org/10.1007/978-3-658-22155-3_18

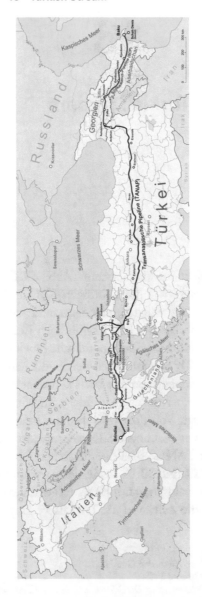

Abb. 18.1 SCP-TANAP-TAP: Gazprom könnte die Leitungen für sein Gas nutzen. (Quelle: Michail Mitin)

TANAP erst 2020 fertig sein soll und dieTurkish Stream bereits ein Jahr früher. Die britische BBC schreibt dazu von ernsthaften Zweifeln der Gazprom-Leitung, die nicht daran glaubt, dass der Hauptbesitzer des TAP-Projektes, Aserbaidschan, über genug Gas verfügt, um diese Pipeline zu füllen.[1] Gazprom könnte zwar nach dem Dritten Energiepaket der Europäischen Union die Leitungen TAP und TANAP im Prinzip für seine Gaslieferungen benutzen. Offensichtlich geht es dem Staatsunternehmen in diesem Fall aber um die eigene prinzipielle Vormachtstellung in der Region. Die politischen Motivationen für den Bau anstelle der ursprünglich vorgesehenen Süd Stream waren vor allem der Widerstand seitens der EU und der USA sowie die Veränderungen in der türkischen Politik, die besonders zur Verstärkung der autoritären Tendenzen im Lande führten. Heute hat sich Staatspräsident Erdogan nach dem gescheiterten Putsch im Juli 2016 mit seinem antiwestlichen Kurs zunehmend isoliert. Praktisch stehen nur noch Russland und Israel an seiner Seite und seinen innenpolitischen Änderungsvorhaben. Die Politik der türkischen Regierung steht im Gegensatz zur Nato und trennt so die eigentliche Mitgliedschaft von seinen Partnern (Abb. 18.2). Ungeachtet unterschiedlicher Auffassungen hinsichtlich der Zukunft des syrischen Assad-Regimes und eines Deals mit Russland, sei es der Gasleitungsbau, die Errichtung eines Atomraftwerkes oder der Kauf des russischen Raketenabwehrsystems S-400, demonstriert die Türkei, dass sie unabhängig von NATO und den USA auch selbst strategische Entscheidungen treffen kann.

---

[1] http://www.bbc.com/russian/features-40683693

Abb. 18.2 Unterzeichnung des Vertrags zu Turkish-Stream durch Wladimir Putin/Russland und Recep Tayyp Erdogan/Türkei. (Quelle: Gazprom)

„Was steckt außerdem hinter der Pipeline, auch Turkish-Stream oder Türkisch Stream genannt?" In seiner Publikation *Erdöl und Erdgas. Geld und Macht* (S. 248) zitiert dazu der Autor den zuständigen Generaldirektor des russischen Instituts für strategische Forschungen (Russian Institute for Strategic Studies), Ex-KGB-General Leonid Reschetnikow. Er schätzte die Lage schon 2015 so ein, dass „die Periode der Stabilität in der Türkei nur kurzfristig sei und sich dort ernsthafte Veränderungen ergeben, weil die USA versuchen würden, die Erdogan-Regierung zu beseitigen" (S. 248). Tatsächlich veränderte sich noch im Juni 2015 nach den Parlamentswahlen in der Türkei die bis dahin relativ stabile politische Lage, weil keine der Parteien die Regierung bilden konnte. Anschließend konnte Moskau keinen Partner für die weiteren Verhandlungen finden. Noch komplizierterer wurde es nach der am 1. November erfolgten erneuten Wahl zur 26. Großen Nationalversammlung der Türkei und der Regierungsbildung. Türkische Flugzeugjäger schossen am 24. November 2015 einen russischen Bomber ab. Inzwischen gibt es Anzeichen dafür, dass der Abschuss zum Plan der Beseitigung der Erdogan-Regierung gehörte. Vor allem sollte die Möglichkeit weiterer Zusammenarbeit zwischen Russland und der Türkei in den überaus wichtigen Gasfragen weiter erschwert werden. Es ist ja bekannt, dass die Türkei und Russland in Zentralasien, auf der Krim und im Karabach-Konflikt zwischen Aserbaidschan und Armenien unterschiedliche Ziele verfolgen. Die Türkei hat nicht nur im Kaukasus und in Zentralasien, sondern auch in russischen Gebieten, z. B. Tatarstan, in wirtschaftlichen und kulturellen Bereichen versucht, den Pan-Turkismus, die Idee vom gemeinsamen Ursprung der Turkvölker, Finno-Ugrier, Mongolen und mandschutungusischen Völker durchzusetzen. Selbst im Syrienkonflikt gab es teilweise unterschiedliche Auffassungen beider Länder. Einerseits erlangte das Pipeline-Projekt für Gazprom nach dem Scheitern der Süd Stream besondere Wichtigkeit, andererseits half erst der Putschversuch gegen Erdogan, strittige Fragen positiv zu klären. Der prinzipielle Unterschied von Süd Stream und Turkish Stream besteht vor allem in den unterschiedlichen Kapazitäten. So wurde die Süd Stream für vier Leitungen mit einer Kapazität von je 15,75 Mrd. Kubikmetern konzipiert. Dagegen ist die Turkish Stream mit einen 4-mal geringerem Eingang doppelt

kleiner. Außerdem war festgelegt, dass die Gaspipeline auf
dem Territorrium der europäischen Länder im Rahmen
des Projekts Süd Stream im Besitz von Joint Ventures von
Gazprom und lokalen Firmen sein mussten. Das russische
Unternehmen wird jedoch im Zusammenhang mit der Verlängerung der Turkish Stream keine Joint Ventures gründen
und keine eigene Pipelines nutzen. In einem Gespräch mit
dem Stellvertreter des Gazprom-Vorsitzenden, Alexander
Medwedew, in der oben zitierten Publikation *Erdöl und
Erdgas. Geld und Macht* (S. 249) wird die große Bedeutung
der Türkei für das Unternehmen gerade in dieser Zeit hervorgehoben. Seiner Meinung nach ist dieses Land für Gazprom
zweitgrößter Markt hinter Deutschland. Gleichzeitig reiche
aber die bisherige vorhandene Infrastruktur nicht mehr
aus, die vom türkischen Markt geforderte Erweiterung der
Gaslieferungen bis 2020 auf 50 Mrd. Kubikmeter zu gewährleisten. Bereits jetzt erhält die Türkei gegen 30 Mrd. Kubikmeter im Jahr. Von Bedeutung ist aber auch, dass größere
Gasmengen durch dieses System über die Türkei an die EU
weitergeleitet werden sollen. Inwieweit politische Differenzen zwischen Russland und der Türkei durch wirtschaftliche Zusammenarbeit ausgeglichen werden können, muss
man abwarten. Über diese Problematik berichtet z. B. Uwe
Halbach ausführlich in einem Beitrag für die Stiftung Wissenschaft und Politik „Der Konflikt zwischen Russland und
der Türkei-Ende offen" vom April 2016.[2] So würde zuerst
eine Gaspipeline mit 4 Rohren als internationales Projekt

---

[2] https://www.swp-berlin.org/publikation/konflikt-zwischen-russland-und-der-tu-
erkei-ende-offen/

Abb. 18.3 Von den Gasverdichtungsanlagen bei Anapa werden die Röhren auf dem Meeresboden verlegt. (Quelle: Gasprom)

geplant, die auf dem Grund des Schwarzen Meeres von der südrussischen Küstenstadt Anapa bis bis in die Türkei reicht. Zum Bau der ca. 1100 km langen Gaspipeline auf russischem Staatsgebiet soll deshalb die für das ursprüngliche aufgegebene Projekt Süd Stream gebaute Infrastruktur genutzt werden. Der Offshoreteil der Pipeline wird 910 km, der Onshoreteil auf türkischem Boden 180 km betragen. Von Anapa aus (Abb. 18.3) wird die Pipeline auf dem Boden des Schwarzen Meeres bis zum türkischen Ort Kiyiküy im europäischen Teil der Türkei verlaufen, dann weiter zur Ortschaft Lüleburgaz für die Übergabe an die türkischen Abnehmer. Im Prinzip ensteht an der türkisch-griechischen Grenze in Ipsal auf dem türkischen Territorium ein in jeder Hinsicht sehr wichtiges Verteilungszentrum für den Gasverkauf an andere europäische Staaten. Die gesamte Kapazität der vier Röhren soll später einmal bis zu 63 Mrd. Kubikmeter Gas pro Jahr betragen. Bis 2018 war allerdings nur eine Leitung fertiggestellt.

Bereits am 10. Oktober 2016 unterzeichneten Russland und die Türkei auf Regierungsebene ein Abkommen über den Bau des Seeabschnitts durch die Gazprom-Tochtergesellschaft South Stream Transport B.V. Im Dezember 2016 schloss dann das Staatsunternehmen für den Bau der ersten Pipeline des Seeabschnittes einen entsprechenden Vertrag mit der Allseas Group ab. Zwei Monate spätzer folgte eine weitere Vereinbarung über die zweite Unterwasserleitung mit einer jeweiligen Kapazität von 15,75 Mrd. Kubikmetern. Während die erste Pipeline für den türkischen Markt bestimmt ist, liefert die zweite Gas an Länder in Süd- und Südosteuropa. Die erforderlichen Investitionen werden vollständig von Gazprom getragen. Hauptsächlichster Grund trotz großer Unsicherheit eine zweite Pipeline zu bauen und so praktisch das Gesamtprojekt weiter zu beschleunigen, ist die Furcht vor neuen US-Sanktionen, die auch Auswirkungen auf europäische Firmen haben und ihre Teilnahme an diesem Projekt einschränken könnten. Es geht dabei auch um die Abhängigkeit von Produkten der Firma Alseas aus der Schweiz, die Tender für die Pipelineverlegung herstellt, für die Gazprom selbst keine eigene Technologie besitzt. Sanktionen gegen einen Handel mit solchen Gütern könnten das Ende für das Vorhaben bedeuten. Weitere Überlegungen betreffen die mögliche Verlängerung der Pipeline nach Europa. Eine rentable Finanzierung wäre für Gazprom hier die erste Vorraussetzung. Auch Reschetnikow fragt im obengenannten Interview nach den notwendigen Geldmitteln. Dabei

sollten die Hälfte der Kapazitäten dem Dritten Energiepaket der EU entsprechend, fremden Lieferanten zur
Verfügung gestellt werden, weil die vorhandenen Partner in
der Region zu einer Finanzierung allein nicht in der Lage
sind, wie die Realisierung des Projektes Süd Stream gezeigt
hatte. Auch deshalb erklärte der russische Außenminister
Sergej Lawrow am 15. Januar 2018 auf seiner Jahrespressekonferenz, dass die Frage der Verlängerung der Pipeline nur
im Falle der hundertprozentigen Garantie durch die EU-
Kommission für ihre Benutzung von europäischen Abnehmern gelöst werden kann. Am 13.02.2018 beschreibt Sergej
Prawosudow im Artikel "Turkish Stream geht vorläufig
nicht nach Südeuropa" die Zukunft der Erdgasleitung.[3]

In einem Artikel für die Beilage NG-Energy der *Nesawissimaja Gaseta* beschreibt Prawosudow die Zukunft der
Turkish Stream. Derzeit wird die Lieferung russischen
Gases über zwei Pipelines gewährleistet. Einmal verläuft
die Blue-Stream auf dem Boden des Schwarzen Meeres
und durch die Ukraine, Rumänien und Bulgarien über
Land. Ihre Kapazität beträgt 16 Mrd. Kubikmeter, davon
fließen ca. 13 Mrd. Kubikmeter über den Landweg in die
Türkei. Geht die neue Pipeline 2019 in Betrieb, wird Bulgarien seine Bedeutung als Transitland verlieren. Deshalb
bemüht sich die bulgarische Regierung laut Prawosudow,
Möglichkeiten für eine weitere Pipelinenutzung finden. So
gibt es im Rahmen des Projektes „Süd-Korridor" bereits
eine Vereinbarung 1 Mrd. Kubikmeter aus dem aserbaidschanischen Gasvorkommen Shah Deniz ab 2020 über die

---

[3] http://www.ng.ru/ng_energiya/2018-02-13/9_7171_potok.html

Türkei zu beziehen. Künftig müsste die gesamte Gasinfrastruktur Bulgariens für die Umsteuerung verändert werden. So befindet sich gegenwärtig das Projekt einer zusätzlichen kleineren 105 km langen Verbindungsleitung über Bulgarien für Serbien in Vorbereitung. Mit finanzieller Unterstützung der Europäischen Union soll ihr Bau im Sommer 2018 beginnen. Im Jahr 2017 hat Gazprom insgesamt 3,3 Mrd. Kubikmeter nach Bulgarien geliefert. Serbien kaufte bereits im vergangenen Jahr 2,1 Mrd. Kubikmeter bei Gazprom. Danach ist geplant, Gas aus der zweiten Pipeline über eine bereits vorhandene Leitung zwischen Ungarn und Serbien zu liefern. Die muss allerdings modernisiert werden muss. Bereits 2017 bezog Ungarn 6,9 Mrd. Kubikmeter russisches Gas. Das Land könnte aber nach dem Bau der Nord Stream 2 aus dem Norden Österreichs Gas erhalten. Deshalb soll auch nach dem Bau der zweiten Turkish Stream-Röhre kein weiteres neues Gastransportsystem auf dem EU-Territorium errichtet werden. Es geht nur um die Modernisierung des vorhandenen Systems und den Bau einiger Verbindungsröhren. Griechenland ist ein weiterer Verbraucher für Gas über die Turkish Stream. Im Jahr 2017 kaufte das Land 2,9 Mrd. Kubikmeter Gazprom-Gas. Ebenso wie Bulgarien plant Griechenland, ab 2020 1 Mrd. Kubikmeter aus Aserbaidschan zu beziehen. Vorher muß jedoch die entsprechende Infrastruktur im Rahmen der Realisierung des Südgaskorridors geschaffen werden.

Auch Aserbaidschan wäre aufgrund der Erschöpfung seiner größten Gasvorkommen nicht imstande, die Versorgung Europas zu garantieren. Gas aus Turkmenistan wird als eine weitere Alternative zu russischen Lieferungen für den Südkorridor in Betracht gezogen. Ein Hindernis besteht jedoch darin, dass turkmenisches Gas nur über eine Gasleitung auf dem Boden des Kaspischen Meeres nach Aserbaidschan gelangt. Das ist allerdings gegenwärtig noch nicht möglich, da der Status des Schelfes des Kaspischen Meeres wegen Auseinanersetzungen zwischen Turkmenistan, Aserbaidschan und dem Iran noch nicht endgültig geklärt ist. Nach Meinung russischer Experten ist turkmenisches Gas außerdem relativ teuer, weil die Vorkommen sehr tief liegen und viel Schwefelwasserstoff enthalten, der erst durch spezielle Verfahren zu beseitigen ist. Prawosudow schreibt in einem Artikel am 13. Juni 2018 in der *Nesawissimaja Gaseta*, dass auch Gazprom über ein ähnliches Vorkommen in Astrachan verfügt, wo die Selbstkosten aus den gleichen Gründen auch hoch sind. Der Autor weist außerdem darauf hin, dass das russische Unternehmen aufgrund zahlreich auftretender Schwierigkeiten bei der Realisierung von Süd Stream auch andere Varianten prüft, um die Ukraine zu umgehen. Aus diesem Grund wurde im Sommer 2015 beschlossen, noch eine zweite Nord-Stream-Pipeline zu verlegen.

Literatur

Sergej Prawosudow (2017) Erdöl und Erdgas. Geld und Macht, Verlag KMK, Moskau

19

Die Ukrainische Sackgasse

Die sogenannte ukrainische Sackgasse besteht für Gazprom aus zwei umfangreichen Problembereichen. Ein Teil betrifft die finanziellen Auseinandersetzungen für die Benutzung der ukrainischen Leitungen durch Gazprom, der andere ihren derzeitig schlechten technischen Zustand. Besonders in diesem Bereich besteht umfangreicher hoher Nachholbedarf. Nach Angaben der russischen Fachzeitschrift *Neftegas* ist das ukrainische Gastransportsystems das zweitgrößte in Europa.[1] Es besteht aus 37.600 km Magistralgasleitungen (Röhren) in der einteiligen Ausführung und 71 Verdichter-

---

[1] https://neftegaz.ru/tech_library/view/4344-Gazotransportnaya-sistema-GTS

© Springer Fachmedien Wiesbaden GmbH,
ein Teil von Springer Nature 2018
O. Nikiforov, G.-E. Hackemesser, *Die Schlacht um Europas Gasmarkt*,
https://doi.org/10.1007/978-3-658-22155-3_19

stationen mit einer ab der russischen Grenze betragenden Gesamtübertragungskapazität von 288 Mrd. Kubikmetern. Danach fließen ab den Grenzen zu Polen, Rumänien, Weißrussland und Moldawien 178,5 Mrd. Kubikmeter – davon wiederum 142,5 Mrd. Kubikmeter für die EU-Staaten – durch das System. Die bisherigen Erfahrungen legen die Auffassung nah, dass Gazprom als Staatskonzern von der russischen Regierung auch als Werkzeug benutzt wird, um Einfluss auf die Politik der ukrainischen Regierung auszuüben (Abb. 19.1). Dafür spricht, wie der Vorstandsvorsitzende Aleksej Miller gegenüber der TASS-Nachrichtenagentur am 19. Januar 2018 äußerte, dass „beide Pipelines – Turkish

Abb. 19.1   In der Hauptstadt Kiew – hier die Kongresshalle – konzentrieren sich alle Probleme des Gaskonfliktes. (Quelle: Oleg Nikiforov)

Stream sowie Nord Stream 2 – bis Ende 2019 in Betrieb genommen werden sollen". Es geht hier geht in erster Linie um die Weiterleitung von 110 Mrd. Kubikmetern Gas, die ursprünglich laut Verträgen bis 2019 über das ukrainische Gastransportsystem laufen sollten und nun durch die Nord Stream 1 und 2 ersetzt werden müssen.[2] Das ist für die Ukraine vor allem ein großes wirtschaftliches Problem, denn der Gastransit brachte wichtige Geldeinnahmen für die eigene Wirtschaft, um vor allem auch westliche Devisen einzusparen. Dabei geht es um über 3 Mrd. USD, die das Land nach den Angaben der Staatsfirma Naftagas allein für das Jahr 2017 bekommen sollte (Informationsagentur News Front info, 25. Oktober 2017). Der Experte Sergej Prawosudow, Generaldirektor des Institutes der nationalen Energetik, stellt deshalb in einem Artikel für die Beilage NG-Energy der *Nesawissimaja Gaseta* wiederholt infrage, warum Gazprom eine neue Pipeline bauen will, obwohl das Transitnetz über die Ukraine eigentlich nicht voll ausgelastet wird.[3]

Natürlich geht es dabei in erster Linie um weitere Möglichkeiten für die Exporterweiterung. Lieferte Russland 2014 noch 146,6 Mrd., ein Jahr später158,6 Mrd. und im Jahr darauf 179,3 Mrd., so wurden bereits 2017 der Verkauf von über 190 Mrd. Kubikmetern Gas geplant. Vorbereitungen für die Erweiterung der künftigen Lieferungen zu treffen, sei dringend erforderlich, weil der Bau neuer Leitungen einige Jahre dauert. Wie Pavel Sawalny, Vorsitzender des Energiekomitees des russischen Parlaments, am 19.

---

[2] www.gazprom.de/collaboration/projects/nord-stream2/

[3] http://www.ng.ru/ng_energiya/2018-01-16/9_7151_ukraina.html

Januar 2018 auf einem Treffen mit den Vertretern der Energiefirmen in der Association of European Businesses (AEB) mitteilte, soll der Export russischen Gases in die EU-Länder in überschaubaren Zeiträumen bis auf 220 Mrd. Kubikmeter anwachsen. Bei steigender Nachfrage auf dem europäischen Markt – vor allem wegen der Verringerung eigener Förderung – wird der Gasbedarf mit zunehmender Bedeutung als ideale Ergänzung für alternative Energiequellen weiterwachsen.[4]

Mit dieser Einschätzung glaubt sich Sawalny mit den meisten Experten seiner Branche im Einvernehmen. In einem überschaubaren Zeitfenster wird die Nachfrage nach Gas in Europa – zusätzlich zu den vorhandenen Volumen – ca. 80 Mrd. Kubikmeter erreichen und davon wird mindestens die Hälfte aus Russland kommen. Diese Zahlen bestätigte auch das deutsche Onlinemagazin *Telepolis* und schreibt am 13. März 2018, dass Gazprom den Transit in die EU über die drei zu Sowjetzeiten gebauten Pipelines „Union", „Brüderlichkeit" und „Transbalkan" durch die Ukraine jedoch weiter aufrechthält, durch die ein Jahr zuvor 93,5 Mrd. Kubikmeter russisches Gas in die EU transportiert wurden.[5]

Es ist deshalb selbstverständlich, dass die Bedeutung dieser drei Transitmagistralen aufgrund der allgemein steigenden Nachfrage nach Gas weiter steigt. Im Jahr 2017 wurden trotz aller Probleme 14 Prozent mehr russisches Gas über die Ukraine transportiert als im Vorjahr.

---

[4] http://www.gazo.ru/news/5352/

[5] https://www.heise.de/tp/features/Ukraine-wird-zum-unsicheren-Gas-Transit-Land-3992394.html

Ein für Kiew nach wie vor sehr einträgliches Geschäft, an dem im Jahr 2 Mrd. $ verdient werden. Sergej Prawosudow gibt allerdings zu bedenken (*Erdöl und Erdgas, Geld und Macht*, S. 163), dass die ukrainischen Leitungen bereits in den Jahren 1960 bis Mitte 1980 gebaut wurden. In der Sowjetunion – wie heute auch in Russland – galten verschiedene Formeln und Normen (GOST), die von dem verwendeten Metall, der Wandstärke der Rohre und der allgemeinen Korrosionsanfälligkeit abhängen. Auch zu Sowjetzeiten wurden keine langlebigen PVC-, sondern Röhren aus Stahl für die magistralen Gasleitungen verlegt. Da die Standzeit der damals installierten Röhren schätzungsweise durchschnittlich 33 Jahre beträgt, laufen gegenwärtig auch diese Fristen ab. Prawosudow meint in diesem Zusammenhang, dass die meisten der aus dieser Periode stammenden Aggregate deshalb veraltet und an der Grenze ihrer Möglichkeiten arbeiten. Experten der internationalen Consultingfirma Mott MacDonald schätzen die Kosten für eine dringend erforderliche Modernisierung des ukrainischen Gastransportsystems bei Annahme einer jährlichen Durchleitung von 110 bis 140 Mrd. Kubikmetern Gas auf mindestens 3,2 Mrd. USD.[6] Im Beitrag nennt der stellvertretende Leiter der ukrainischen Erdöl- und Erdgasgesellschaft Naftagas, Vadym Chuprun, noch höhere Kosten. Allein für die Generalüberholung der vorrangigen Objekte des ukrainischen Gastransportsystems sollen 5,3 Mrd. USD erforderlich sein. Doch es steht auch fest, dass die Ukraine auch

---

[6] https://wikileaks.org/gifiles/docs/13/131389_b3-ukraine-modernizing-ukraine-s-gas-transport-system-will.html

bisher einiges für die Modernisierung seiner Transportsysteme getan hat. Laut Prawosudow in der *Nesawissimaya Gaseta* Anfang 2018 aber nur 1/5 bis 1/7 von den eigentlich dafür erforderlichen Ausgaben.[7]

Es ist in diesem Zusammenhang zu verstehen, dass die ukrainische Staatsführung nach Auswegen suchen muss, um an Geldmittel für die Modernisierung – möglichst von privaten Investoren – zu kommen. Das Ministerkabinett schlug deshalb schon im Oktober 2010 vor, die bis dahin geltenden gesetzlichen Einschränkungen für eine Reorganisation und Privatisierung des ukrainischen Gastransportsystems komplett aufzuheben. Die Regierung verkündete seinerzeit ihr Einverständnis für einen entsprechenden Gesetzentwurf und es wurde deshalb auch erwartet, dass das ukrainische Parlament (Werchowna Rada) diesem Vorhaben zustimmt. Selbst Gazprom war prinzipiell einverstanden und wollte bereits im Jahr darauf ein entsprechendes Joint Venture gemeinsam mit der Ukraine und anderen privaten Investoren gründen. Dieser allgemeine Wunsch nach schneller Einigung erklärte sich wohl auch aus den Schwierigkeiten Russlands bei der Realisierung des Bauprojekts der Pipeline Süd Stream. Sie würden nach Meinung der Onlineausgabe *Ukraine-Nachrichten.de* der Ukraine sogar erlauben, wesentlich vorteilhaftere Bedingungen für die Schaffung eines Joint Ventures zu erreichen.[8]

Auf *Ukraine-Nachrichten.de* wird sogar festgestellt, dass es von Moskau bereits früher eine Zustimmung für den

---

[7] http://www.ng.ru/ng_energiya/2018-01-16/9_7151_ukraina.html

[8] https://ukraine-nachrichten.de/ukrainische-gastransportsystem-wirdjoint-venture-Gazprom-vorbereitet_2781#YU5Q8EGVjlCoxLaj.99

Zugang der Ukraine zur Gasförderung auf dem russischen Territorium unter der Bedingung einer Joint-Venture-Gründung zwischen Gazprom und Naftogas Ukrainy gab. Die ukrainische Seite hätte dafür das Transportsystem und die Gaslagerstätte „Palas" im Schwarzmeer-Schelf einbringen können, um im Gegenzug von Russland entsprechende Lagerstätten zur Erdgasförderung für 30 Mrd. Kubikmeter im Jahr zu erhalten. Diese Mengen würden vollständig ausreichen, um die ukrainische Industrie mit Gas zu niedrigen Preisen zu versorgen („Kommersant-Ukraine" 28. September 2017).

Entsprechend der Verhältnisse Anfang der 2000er-Jahre ging die ukrainische Seite damals davon aus, dass ihr System auch in Zukunft als zentrales Element der europäischen Energiesicherheit gelte. Das von der ukrainischen Regierung bereits im Jahr 2010 bestätigte Modernisierungsprogramm für das Gas-Transportsystems sieht Investitionen in Höhe von 2,57 Mrd. $ vor, die mit den durch die Europäische Union im März letzten Jahres versprochenen Kreditmittel (2 Mrd. $) sowie von „Naftogas" finanziert werden sollen.[9]

Nach einer Pressemitteilung des Ost-Ausschusses der Deutschen Wirtschaft vom 22.5.2012 übergaben der CDU-Bundestagsabgeordnete Karl-Georg Wellmann und Geschäftsführer des Ost-Ausschusses Rainer Lindner dem ukrainischen Premierminister Mykola Asarow in Kiew einen Projektvorschlag für das ukrainische Gas-Transportsystem.

---

[9] https://ukraine-nachrichten.de/deutschland-wird-sich-modernisierung-ukrainischen-gastransportsystems-beteiligen_2662

Die Erneuerung des teilweise überalterten Transitnetzes ist eines der wichtigsten wirtschaftlichen und politischen Projekte im Dreieck EU-Ukraine-Russland. Das vorgeschlagene Projekt könnte der Grundstein für das seit Jahren erwogene Gaskonsortium zwischen den drei Seiten sein. Es sieht als Pilotprojekt die Modernisierung einer ersten Verdichterstation in der Ukraine durch ein deutsches Firmenkonsortium vor. Die entsprechenden Anlagen waren in den 1970er Jahren von einer deutschen Firmengruppe gebaut worden, so dass die eingebauten Gasturbinen und Aggregate inzwischen dringend generalüberholt werden müssen. „Die deutsche Wirtschaft hat ein großes Interesse an dem Projekt, da es einen Beitrag zum Technologietransfer in die Ukraine leistet und zugleich die Versorgungssicherheit mit Gas in Deutschland und der EU erhöht", sagte Geschäftsführer Christian Lindner.[10]

In früheren Nachrichten zu dieser Thematik wurde schon im Dezember 2012 über die notwendigen Nachrüstungen gemäß einer Vereinbarung mit dem ukrainischen Unternehmen Naftogaz vom Juli 2012 und dem deutschen Unternehmen Ferrostaal Industrieanlagen GMBH berichtet. Zu diesem Zeitpunkt ließ das deutsche Unternehmen verlautbaren, dass die Sanierung sich schneller amortisieren werde, als die russische Alternativ-Pipeline South Stream den Betrieb aufnehmen könne. Die nun vorzunehmende Modernisierung wird die Lebensdauer der Kompressorenstation voraussichtlich um 15 Jahre verlängern, den Treibgasverbrauch um 28 Prozent senken und die Effizienz bei

---

[10] http://www.laender-analysen.de/ukraine/pdf/UkraineAnalysen104.pdf

der Energieumwandlung um 10 Prozent steigern. Die von der Deutschen Bank AG bereitgestellten finanziellen Mittel sollen 85 Prozent der Projektkosten abdecken. Die deutsche Regierung unterstützt alle Bemühungen zur Modernisierung, erklärte, der deutsche Botschafter in der Ukraine Christof Weil, bei der Unterzeichnung der zwischen den beiden Unternehmen geschlossenen Vereinbarung.[11]

Die russische Seite ist in diesem Zusammenhang sehr kritisch. Sie behauptet nach den Worten des Gazprom-Vize-Vorsitzenden Valeri Golubew im März 2009 in Brüssel nach Abschluss einer internationalen Konferenz zur Modernisierung des ukrainischen Gastransportsystems, dass die Modernisierung entgegen der Meinung europäischer Experten statt drei Milliarden insgesamt 16 Milliarden US-Dollar kosten kann.[12]

Das war aber keine ganz neue Idee. So gründeten laut Prawosudow in der *Nesawissimaja Gaseta* die Unternehmen Naftagas Ukraine und Gazprom bereits 2004 auf paritätischer Grundlage ein internationales Konsortium für die Verwaltung und Entwicklung des ukrainischen Gastransportsystems. Ende August 2004 unterschrieben der damalige Ministerpräsident Russlands, Michail Fradkow, und sein ukrainischer Amtskollege Viktor Janukowitsch ein Abkommen „Über die Maßnahmen für die Gewährleistung der strategischen Partnerschaft im Gasbereich". Darin wurde unter anderem betont, dass die neue Transportmagistrale

---

[11] https://www.prnewswire.com/de/pressemitteilungen/deutschland-hilft-bei-der-modernisierung-des-gastransportsystems-der-ukraine-183182071.html

[12] https://de.sputniknews.com/wirtschaft/20090323120698306/

Bogorodshane-Ushgorod mit 300 km Länge für Russlands erweiterten Gastransport nach Europa gebaut werden soll. Als Eigentümer müsste ein russisch-ukrainisches Konsortium fungieren. Dabei wurde davon ausgegangen, dass Naftagas Ukraine allein nicht imstande wäre, das ukrainische Pipelinesystem in einwandfreiem Zustand zu unterhalten. Nach dem Sieg von Janukowitsch bei den ukrainischen Präsidentenwahlen im Herbst 2004 und unter dem infolge der sogenannten „orangenen Revolution" gewählten Nachfolger Viktor Juschtschenko wurde dann dieses Abkommen über ein Konsortium gekündigt. Der als prowestlich orientiert geltende und noch mehr als Janukowitsch nationalistisch geprägte Politiker Juschtschenko sah darin eine notwendige Voraussetzung für die erstrebte ukrainische Unabhängigkeit. Natalia Grib schrieb in ihrem Buch „Gaskaiser" (S. 72), das Juschtschenko jegliche Verhandlungen mit Moskau über das ukrainischen Gas-Transportsystem verboten hätte. Das ukrainische Parlament (Rada) bestätigte am 6.2.2007 durch ein Gesetz, das jegliche Handlungen, wie Reorganisation, Fusionen, Gründung von Gemeinschaftsunternehmen, Leasing, Pacht oder Privatisierung im Zusammenhang mit dem ukrainischen Gas-Transport-system untersagt.[13]

Alle Angebote über die Privatisierung des ukrainische Gas-Transportsystems, dass die ukrainischen Politiker als „nationalen Schatz" betrachten, wurden allerdings bereits seit 2001 abgelehnt.[14]

---

[13] https://regnum.ru/news/778186.html

[14] https://radiovesti.ru/brand/61178/episode/1406703/

Mit diesem Verzicht der ukrainischen Regierung und des Parlamentes auf die Übergabe des Transportsystems an fremde Firmen wurden die bisherigen europäischen Bemühungen erfolglos.

Das zeigt eigentlich, dass die notwendigen Modernisierungen der Leitungen mit der augenblicklichen politischen Stimmung in Kiew und weniger mit dem realen Zustand zusammenhängen. So erwähnt die Agentur RIA Nowosti in diesem Zusammenhang den Präsidenten Viktor Juschtschenko, der auf einer Pressekonferenz mit EU-Ratspräsident Jose Manuel Barroso im Januar 2009 davon sprach, dass sich die Ukraine für eine Modernisierung ihres Rohrleitungssystems interessiere, obwohl es „zu den zuverlässigsten Transportnetzen Europas zählt". Der Präsident befürwortete aber auch gleichzeitig den Einstieg der Ukraine in den europäischen Vertrag über die Zusammenarbeit im Energiebereich (Natalia Grib in ihrem Buch „Gaskaiser") (Abb. 19.2). „Wenn die Interessen der Ukraine wahrgenommen werden, wenn ihnen Priorität eingeräumt wird, dann haben wir nichts dagegen. Aber die Regierung sieht keine Perspektive einer Integration auf Kosten der ukrainischen Interessen", sagte Turtschinow.[15]

Diese Position der ukrainischen Seite zeigt aber auch, dass die Nationalisten und die damalige Führung des Landes den insgesamt mangelhaften Leitungszustand unterschätzten, anderseits aber wegen der Geldeinnahmen so lange wie möglich nutzen wollten. Sicher hat der Sieg von Janukowitsch im Jahre 2010 bei den ukrainischen

---

[15] https://de.sputniknews.com/politik/20090127119832897/

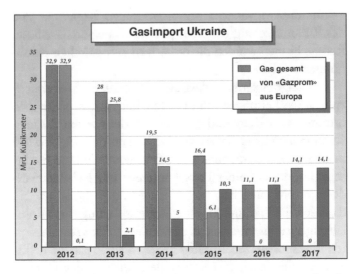

Abb. 19.2 Aufschlüsselung der Gasimporte der Ukraine für die Jahre 2012 bis 2017. (Quelle: Michail Mitin)

Präsidentenwahlen neue Hoffnungen auch auf die Lösung dieser Probleme geweckt. Russland versuchte damals, mit Zugeständnissen beim Gastransit die Ukraine in ihrem Sinne zu beeinflussen. So senkte Gazprom im Dezember 2013 die Gaspreise für die Ukraine die Tausendkubikmeterpreise von 400 USD bis auf 268,5 USD und Moskau beschloss, ukrainische Staatswertpapiere für 15 Mrd. USD zu kaufen. Dagegen standen natürlicherweise die Bemühungen der Europäischen Union, die Ukraine in die westlichen Bündnisse zu integrieren. Aber auch Janukowitsch hatte bis zu seinem Sturz das Problem des ukrainischen Gastransportsystems zugunsten Moskaus nicht lösen können. Bei allen Bestrebungen der ukrainischen Staatsführung ist davon auszugehen, dass sie in erster Linie aus politischen Gründen auf den baldigen Eintritt in die Europäische Union hoffte. Dann zählten die ukrainischen Gasleitungen zum inneren EU-Transportsystem und könnten auch finanziert werden. Bis zum heutigen Tag ist ihre Sanierung trotz einer ständig weiteren Zustandsverschlechterung nicht geregelt Nach Meinung von Prawosudow könnte das ukrainische Transportsystem nur zu 100 % gefüllt störungsfrei arbeiten, denn wegen des starken Abnutzungsgrades weisen viele der ukrainischen Röhren lediglich einen inneren Druck von 55 atm. auf. Die Gasleitungen auf der Strecke Bowanenkowo-Uchta sind dagegen im Vergleich dazu mit 120 atm. und auf der zentralen Strecke in Russland einem Druck von 75 atm. ausgesetzt. Geringerer Druck erfordert mehr Gas für den Transport. Das wäre z. B. auch für Gazprom wirtschaftlich unvorteilhaft.

Es ist zu vermuten, dass die Ereignisse nach dem Sturz von Janukowitsch – in der Ukraine als Sieg des Volksaufstandes „Euromaidan" 2013/14 bezeichnet, mit der Abtrennung der Krim und dem bürgerkriegsähnlichen Zustand im Osten des Landes – das Problem der Modernisierung der Gastransportsysteme zur Seite geschoben haben. Schließlich belasten besonders die militärischen Auseinandersetzungen den ukrainischen Staatshaushalt. Im Deutschlandfunk erinnert die Journalistin Sabine Adler am 27. Februar 2018 daran, dass der Krieg in der Ostukraine nun schon vier Jahre andauert, seit die Separatisten mit Unterstützung Russlands das industrielle Herz der Ukraine geteilt haben und die Region im Niedergang begriffen ist.[16]

---

[16] http://www.deutschlandfunkkultur.de/niedergang-der-ostukraine-krieg-oder-regierung.979.de.html?dram:article_id=411778

Aber gleichfalls ist es auch eine Tatsache, dass die Ukraine ungeachtet der rapiden Verschlechterung der Beziehungen mit Russland immer noch Milliarden USD für das Pumpen des russischen Gases nach Westen verdient. Die Notwendigkeit und Möglichkeiten einer Modernisierung des Transportsystems bestehen trotz der immer noch anstehenden Finanzprobleme nach wie vor. Die russische Ausgabe der Deutschen Welle meint am 9. Januar 2017, dass ausländische Investoren für die Modernisierung des ukrainischen Gastransportsystems eine Nutzung auch nach dem Ablauf des Abkommens über die Lieferung russischen Gases Ende 2019 gewährleisten würden. Der heutige Vorstandvorsitzende von Naftogas Ukraine, Andrej Kobolew, zeigt sich in einem Interview vom 5. Januar 2018 für den ukrainischen „5 TV-Kanal" überzeugt davon, dass Kiew sein Gasbusiness mit den ausländischen Partnern teilen wollte, damit der Ukraine geholfen wird, den Gastransit weiter zu betreiben. Bisher wurden die russischen Drohungen, nach 2019 kein Gas über das ukrainische Gastransportsystem zu liefern, als Erpressung angesehen.

Nach Kobelews Aussagen zeigten drei europäische Firmen Interesse für eine Beteiligung an der möglichen Modernisierung des Systems. Nach Meinung von Claudia Kemfert, Leiterin der Abteilung Energetik, Transport und Ökologie am DIW, geht es weiteren europäischen Interessenten vor allem um attraktive Rahmenbedingungen sowie um ein Signal seitens Europa bezüglich seiner Wichtigkeit. Michail Kortschemkin, Generaldirektor und Eigentümer von US East European Gas Analysis, sieht den größten Nutzen für eine partnerschaftliche Verwaltung bei Firmen aus Österreich, der Slowakei, Tschechien, Rumänien und

Bulgarien, weil genau für diese Länder russisches Gas über die Ukraine transportiert wird. Mögliches Hindernis für ausländische Partner könnte aber auch der Wert des ukrainischen Gastransportsystems sein, den Andrej Kobolew mit einer Summe von 30 Mrd. USD beziffert. Schon 2013 schätzte die Firma Advisory Baker Tilly International im Auftrag der ukrainischen Regierung unter Janukowitsch angesichts der Möglichkeit der Gründung eines Joint Ventures mit Russland das Gastransportsystem auf einen Wert von 26 bis 29 Mrd. USD.[17]

Ein weiteres ernstes Problem in den Beziehungen zwischen der Ukraine und Gazprom besteht in den ungelösten Schulden- und Tariffragen für den Transport durch das Land sowie den Kosten für die ausländischen Verbraucher. Diese bis fast zu „Gaskriegen" führenden Misshelligkeiten dauern schon seit 1992 an und betreffen nicht nur die Ukraine. Gazprom und seine Tochterfirmen sondern auch Litauen, Weißrussland, Estland, Moldawien, und Aserbaidschan. Sie haben Einfluss auf die europäischen und auf die ukrainischen Verbraucher, da die Ukraine notfalls jederzeit Gas für eigenen Bedarf abzweigen aber auch den Durchfluss sperren könnte.[18]

Warnendes Beispiel sind die gravierenden Zwischenfälle im russisch-ukrainischen Gaskrieg, vor allem in den Jahren 2005 bis 2014. Konflikte, die bis heute noch nicht endgültig gelöst wurden.[19] Die immer wieder eine Rolle spielende

---

[17] Deutsche Welle v.09.01.17 Beitrag von Andrej Probitük „Das Gespenst des leeren Rohres"

[18] https://ria.ru/spravka/20080212/99021453.html

[19] https://de.wikipedia.org/wiki/Russisch-ukrainischer_Gasstreit

Festlegung der Tarife und Gaspreise führte bereits 1996 zu ernsten Komplikationen, als Gazprom im Rahmen einer Studie über die Nord Stream nach Möglichkeiten suchte, unabhängig vom ukrainischen Transit zu werden. Der Experte Prawosudow schreibt dazu in der Publikation *Erdöl und Erdgas: Geld und Macht* (S. 233) mit Berufung auf seinen Gesprächspartner Sergej Serdükow, den damaligen technischen Direktor der Nord Stream AG, dass die Suche nach neuen Routen für europäische Abnehmer mit der notwendigen Senkung der Unkosten verbunden war, weil die Leitungen über die Ostsee viel kürzer als über die Ukraine sind. Uneinigkeiten über Zahlungen für Transport und für Gas führten schon damals zu weitgehenden Krisen in den Beziehungen zwischen Russland und der Ukraine (vgl. Abb. 19.3) und besonders in den Jahren 2006 bis 2009 zu ernsthaften Spannungen im Verhältnis zu Europa. Mit der

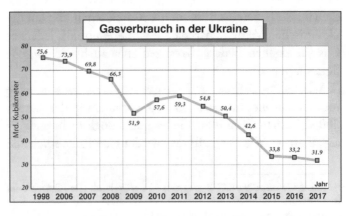

Abb. 19.3 Gasverbrauch der Ukraine seit 1998 (Quelle: Michail Mitin)

russischen Ankündigung, die alten sowjetischen Handelsmuster aufzugeben, wonach die Preise für beide Leistungen miteinander zu verrechnen sind, spitzte sich die Auseinandersetzung besonders zu. Forderte Russland im Frühjahr 2005 noch einen Fixpreis von 160 $pro 1000 Kubikmeter, so sollte der Preis – als Versuch für einen Übergang auf internationales Marktpreisniveau – um 1,74 $ je 1000 Kubikmeter und 100 km Durchsatz erhöht werden.[20]

Stanislaw Belkowsky, Direktor des Moskauer Instituts der nationalen Strategie, sieht darin einen Schritt der Gazprom-Führung zum Übergang zur vorwiegenden Entwicklung des Brennstoff-Energie-Komplexes mit dem Schwerpunkten Rohöl und Erdgas in Russland.[21] Da über die Ukraine etwa 65 % des gesamten russischen Gasexports nach Europa flossen und die Ukraine selbst so zum bedeutenden Importeur von russischem Gas wurde, bekam dieser Streit in kürzester Zeit eine überdimensionale internationale Bedeutung.[22]

Weil das Land sich damals weigerte, die neuen Bedingungen anzunehmen und der Vertrag für 2006 nicht zustande kam, stellte Russland am 1. Januar 2006 die Gasexporte ein. Dabei beschuldigte Russland die Ukraine für den Westen bestimmte Gasmengen im Wert von 25 Mio. $ gestohlen und für den Eigenbedarf abgezweigt zu haben, was wiederum kurzzeitig zu Lieferengpässen in verschiedenen europäischen Staaten führte.[23]

---

[20] https://de.wikipedia.org/wiki/Russisch-ukrainischer_Gasstreit

[21] https://lenta.ru/articles/2006/02/20/memorandum/

[22] Lyudmyla Synelnyk: Energieressourcen und politische Erpressung: Der Gasstreit zwischen Russland und der Ukraine, Diplomica Verlag, 2013, Seite 57

[23] https://ria.ru/spravka/20131029/973397544.html

Die damalige russische Gaspreiserhöhung war für die
Ukraine ein großer Schock, weil die bisherigen Tarife und
der Transiterlös, u. a. im Voraus bestimmte Mengen russischen Gases für den eigenen Verbrauch zu kaufen erlaubten, die Regierung die Gaspreise für die Bevölkerung und
Industrie subventionierte und die Preiserhöhung gerade vor
den Parlamentswahlen schaden konnte. Eine Erhöhung der
Gaspreise auf über 100 USD wären z. B. tödlich für die
ukrainische Metallurgie, wurde damals verkündet, weil sie
(2007) 20 % der industriellen Bruttoproduktion und 40 %
der Währungseinnahmen gewährleistete.[24]

Im Zusammenhang mit der Lösung dieser Probleme und
einem dringend erforderlichen Kompromiss spielt auch die
Stationierung der russischen Marine in Sewastopol – besonders seit dem Zerfall der Sowjetunion in den verschiedenen zwischenstaatlichen, sogar in rein wirtschaftlichen Verträgen – ständig eine Rolle. Der Aufenthalt der russischen
Marine wurde im „Vertrag über Freundschaft, Zusammenarbeit und Partnerschaft", in dem Russland die Ukraine als
einen unabhängigen Staat anerkannte, im „Abkommen über
die Schwarzmeerflotte" 1997 und im „Vertrag über die wirtschaftliche Zusammenarbeit" 1998 geregelt.[25] Danach hatte
Russland jährlich 98 Mio. USD an die Ukraine zu zahlen,
die mit dem gelieferten russischen Gas verrechnet werden
sollten.[26] Die Bezahlung für die Benutzung der Marinebasen

---

[24] https://www.vesti.ru/doc.html?id=117468&tid=32068; https://ru.wikipedia.
org/wiki/

[25] https://www.lpb-bw.de/ukraine_russland.html

[26] https://ria.ru/politics/20080827/150716146.html

und die Stationierung in Sewastopol auf der Krim standen also im engem Zusammenhang mit dem Tauschhandels- und Gasproblem. Noch komplizierter wurde das Geschäft durch die Tatsache, dass ein Teil des gelieferten Gases über die russische Pipeline durch die Ukraine aus Turkmenistan stammte. Ein Deal über den privaten russischen Vermittler Itera, der teilweise mit Waren bezahlt wurde.

Am 4. Januar 2006 einigten sich beide Länder in einem für fünf Jahre gültigen Vertrag auf die von Gazprom gewünschte Preiserhöhung auf 230 $ je 1000 Kubikmeter über den Zwischenhändler RosUkrEnergound. Dieses Unternehmen erhielt von der Ukraine die Kaufrechte für das weitaus billigere turkmenische Erdgas (50 Dollar), das es anschließend als Mix aus zwei Dritteln russischem und einem Drittel turkmenischem Gases für einen Preis von 95 $ weiter verkaufte.[27] Schon zwei Jahre später – kurz nach der ukrainischen Parlamentswahl – begann die eigentliche Lieferkrise, als Gazprom am 2. Oktober 2007 mit der Einstellung der Gaslieferungen drohte, falls die Ukraine ihre Schulden in Höhe von etwa 900 Mio. € nicht bis Ende Oktober begleichen würde. Obwohl die ukrainische Führung bezahlte, kam es zu Lieferausfällen aus Turkmenistan, weil der neue Präsident Gurbanguly Berdymuhamedow für turkmenisches Gas ebenfalls höhere Preise forderte. Gazprom half der Ukraine daraufhin mit gleichfalls teureren Gas aus. Die Ukraine bestand jedoch weiterhin auf dem vorher vereinbarten niedrigeren Preis, sodass sich aus der Sicht von Gazprom eine weitere Schuldsumme aufbaute. Sofort nach der russischen Präsidentschaftswahl am 3. März

---

[27] https://de.wikipedia.org/wiki/Russisch-ukrainischer_Gasstreit#cite_note-1

2008 drosselte Gazprom die Gaslieferungen um 25 – nach anderen Angaben sogar um 35 % – weil die ukrainische Regierung trotz ihrer gegenteiligen Beteuerung die weiteren Rechnungen angeblich nicht bezahlt habe.[28]

Dieser neuerliche Konflikt führte wiederum zu Spannungen zwischen dem ukrainischen Präsidenten Juschtschenko und der Ministerpräsidentin Julia Timoschenko, die dem Staatsoberhaupt in einem offenen Brief Versagen in der Lösung der Krise vorwarf. Als Folge fanden 2007 vorzeitige Parlamentswahlen mit dem Ergebnis der Ablösung der Regierung unter Janukowitsch und der Etablierung der neuen Staatsmacht mit Ministerpräsidentin Timoschenko statt, die zuerst auch vom Präsidenten unterstützt wurde. Trotz der gespannten Beziehungen zwischen beiden Kontrahenten kam es zu einer Koalition, die aber nur 9 Monate andauerte. Aufgrund der politischen Auseinandersetzungen und der geplanten Gazprom- Preiserhöhungen kam es dann dazu, dass beide einzeln – Timoschenko in Verhandlungen mit dem Ministerpräsidenten Putin und Juschtschenko mit dem Staatspräsidenten Medwedew – ihre unterschiedliche Varianten und Bedingungen für eine Lösung der Krise anboten.[29]

Ungeachtet der vielfältigen innenpolitischen ukrainischen Auseinandersetzungen und nach ergebnislosen Verhandlungen über die Schuldenfrage kürzte Gazprom am 4. März 2008 die Lieferungen um weitere 25 %. Daraufhin drohte das ukrainische Unternehmen Naftogas, den

---

[28] https://de.wikipedia.org/wiki/Russisch-ukrainischer_Gasstreit

[29] http://www.argumenti.ru/publications/7310

Transit nach Europa vorübergehend zu stoppen. Am gleichen Tag wurde dieser Streit angeblich beigelegt und die Lieferungen wiederaufgenommen. Doch schon im Dezember 2008 flammten die Auseinandersetzungen wieder auf.[30] Aufgrund des Bezahlungs-Streits und des ausbleibenden Vertrages für 2009 wurden schließlich am 1. Januar 2009 die Lieferungen für die Ukraine ganz eingestellt, für die europäischen Verbraucher nach Gazprom-Behauptungen jedoch fortgesetzt.[31] Doch wegen der Gasentnahme für eigene Zwecke durch Naftagas meldeten die Türkei, Bulgarien, Griechenland und Mazedonien schon eine Woche später das Ausbleiben der Lieferungen. In Österreich ging die Versorgung um 90 % zurück.[32]

Die Ukraine begründete diese Engpässe mit einer reduzierten Einspeisung in ihr Gasnetz. Russland warf dagegen der Ukraine das illegale Abzapfen der Transitpipelines vor. Am 7. Januar stoppte Gazprom schließlich sämtliche durch die Ukraine verlaufenden Lieferungen nach Westeuropa. Die Europäische Union nahm daraufhin Gespräche mit Russland und der Ukraine auf, die dann mit der internationalen Überwachung der Pipelines zu einem Kompromiss führten. Die Ukraine stimmte letztlich einer Beobachtermission zu, an der auch russische Mitglieder teilnehmen durften. Damit wurde ein baldiges Ende des Lieferstopps nach Europa erwartet, doch die Fragen der Gasversorgung für die Ukraine selbst blieben weiterhin ungelöst. Die

---

[30] http://tass.ru/info/1518788

[31] https://lenta.ru/news/2009/01/02/gazprom/

[32] https://diepresse.com/home/wirtschaft/economist/441626/Ukraine_Gazprom-will-dem-Westen-das-Gas-ganz-abdrehen

Gasblockade traf besonders die südosteuropäischen Länder, wie die Slowakei, Bulgarien, Serbien und Moldawien, die nach wie vor vom Gas durch die Ukraine abhängig sind, weil ihre eigenen Möglichkeiten für die Speicherung auch aus anderen Einkaufsquellen nicht ausreichen.[33]

Besonders für Bulgarien wurde die Situation kompliziert. Zahlreiche Schulen mussten geschlossen werden, Brennholz und Kohle wurden durch die Nachfrageflut zur Mangelware. Schließlich forderte Bulgarien für den Lieferausfall von 124 Mio. Kubikmetern Erdgas von Gazprom Schadenersatz.[34] Der Gasstreit 2005 bis 2009 hatte auch international schwerwiegende Folgen, weil sehr viele unterschiedliche Interessenten betroffen waren. Für Russland ergab sich die wesentliche Erkenntnis für die Notwendigkeit, mit dem Bau einer Ostseepipeline künftigen Absatzproblemen entgegenzuwirken.

Auch die heutige Situation steht im engen Zusammenhang mit diesen schon lange andauernden Problemen, besonders aus dem Jahre 2014 und den Klagen der Energiekonzerne. Die Ukraine bemühte sich seinerzeit, Gas für den eigenen Verbrauch von den europäischen Nachbarn Slowakei, Polen und Ungarn und nicht direkt von Gazprom zu kaufen. Es ging dabei um sogenanntes Reversgas, das aber durchaus auch seinen Ursprung in den Gazprom-Gaslieferungen für Europa haben konnte. Nach Meinung von Experten der East European Gas Analysis ist eine realistische Einschätzung von Vor- und Nachteilen für die einzelnen Seiten aufgrund der verschiedensten Probleme mit

---

[33] https://de.wikipedia.org/wiki/Russisch-ukrainischer_Gasstreit

[34] https://de.sputniknews.com/wirtschaft/20090121119742280/

den Steuern, den Einnahmen für den russischen Staatshaushalt, den Interessen der Gazprom-Aktionäre und
dem System der Transitzahlungen mit Gas statt mit Geld
äußerst kompliziert.[35] Inzwischen kaufte die Ukraine seit
mehr als zwei Jahren kein Gas direkt aus Russland, sondern
nur Reversgas. Wie die russische Ausgabe „Forbes" berichtet, sei das aber „eher eine politische als eine wirtschaftliche
Entscheidung."[36]

Die von Naftagas angekündigte Erhöhung der Transittarife führte zum jetzigen Tarifstreit mit gegenseitigen
Beschuldigungen vor dem internationalen Schiedsgericht
in Stockholm. Ursprünglich wurden diese Tarife im heute
noch bis 2019 laufenden Kontrakt – 2009 von Julia Timoschenko und Putin abgeschlossen – festgelegt. Die ukrainische Seite begründet damals ihre Notwendigkeit mit der
für sie zum Nachteil gereichenden geplanten Realisierung
des Projekts Nord Stream 2. Die baltische Route erlaubt
Gazprom, den Gastransit über die Ukraine zu verringern,
sodass Kiew auf ca. 2 Mrd. USD im Jahr, nach anderen
Daten sogar 3 Mrd. USD, verzichten musste.[37] Nach den
Worten des ökonomischen Direktors von Naftagas, Juri
Vitrenko, zwingt die Politik Gazprom zu solchen Schritten, weil der Konzern wegen der Inbetriebnahme der Nord
Stream 2 darauf verzichtet hat, größere Transportmengen
für das ukrainische Gastransportsystem zu garantieren.[38]

---

[35] https://eegas.com/ukrtran1-ru.htm

[36] http://www.forbes.ru/biznes/358335-gazovye-voyny-v-chem-prichiny-novogo-konflikta-mezhdu-kievom-i-moskvoy

[37] https://www.gazeta.ru/business/2018/03/06/11672875.shtml

[38] https://neftegaz.ru/news/view/148824-Ukraina-povysila-tarif-na-tranzitros-siyskogo-gaza-iz-za-straha-chto-Gazprom-vse-zhe-realizuet-MGPSevernyj-pot

Im Winter 2018 zeigte sich eine Wiederholung der Geschichte, die die Gefahr eines neuen Gaskriegs in Europa täglich größer werden ließ. Aktuelles Beispiel dafür ist der Beschluss des Schiedsgerichtes der schwedischen Handelskammer Stockholm, dass dem ukrainischen Unternehmen Naftogas 3,8 Mrd. € als Kompensationskosten für die von Gazprom entgegen der Vereinbarung verringerten Gaslieferungen auferlegte. Korrigiert durch den Abzug von 1,6 Mrd. €, die Naftogas aufgrund eines vorausgegangen Schuldspruchs zahlen muss, bleiben für Gazprom noch Forderungen für die Rückzahlung von über 2 Mrd. €. Grundlage für dieses Urteil bildeten die Klagen der Energiekonzerne aus dem Jahre 2014, in den es unter anderem um einen 2009 geschlossenen Vertrag mit zehnjähriger Laufzeit ging. Damals hatten die Ukraine und Russland, in Anwesenheit der damaligen Ministerpräsidenten Wladimir Putin und Julia Timoschenko, ein Abkommen über das gegenseitige Gasgeschäft abgeschlossen, nach dem sich die ukrainische Seite verpflichtete, nach dem Prinzip Takeor-Pay, 52 Mrd. Kubikmeter Gas jährlich bei Gazprom zu kaufen. Bekanntlich hatte die Ukraine bis dahin weit weniger abgenommen und im Jahr 2015 stattdessen russisches Gas durch Reverskauf in Europa ersetzt. Im Gegenzug stellte Gazprom an Naftogas gleichfalls umfangreiche Forderungen zur Begleichung der Schulden, einschließlich entsprechender Aufschläge für die ursprünglich vereinbarte Menge. Dagegen protestierte das ukrainische Unternehmen und forderte die nachträgliche Senkung der Gaspreise. Außerdem sollte Gazprom die Überzahlung in Höhe von

18 Mrd. USD ausgleichen, die sich aus der Differenz der Preise für die Ukraine und für Europa ergeben hatten.[39]

Der zweite Teil des Streites betrifft die eigentliche Durchleitung des russischen Gases über das ukrainische Territorium. Nach einem gültigen Abkommen verpflichtete sich Gazprom, über die Ukraine jährlich 110 Mrd. Kubikmeter Gas für die europäischen Kunden fließen zu lassen. In Wirklichkeit wurden zwischen den Jahren 2009 und 2013 aber nur 94 Mrd. Kubikmeter Gas nach Europa gepumpt. Das bedeutete natürlich für Naftogas finanzielle Einbußen in einer Höhe von 16 Mrd. USD. In diesem Zusammenhang forderte das Unternehmen die Einhaltung der den Bedingungen des Dritten Energiepaket entsprechenden Transittarife. Das wäre möglich, wenn die Ukraine ein EU-Land wäre. Dann müssten die Gaslieferungen schon an der ukrainischen Grenze zu Russland den geltenden Regeln entsprechend, direkt an den eigentlichen Endkunden übergeben werden und so an Ort und Stelle den Besitzer wechseln. Das wiederum hätte aber für Gazprom finanzielle Einbußen zur Folge. Die Ukraine ist jedoch noch kein EU-Mitglied. Von außen gesehen, sieht das Schiedsgerichtsurteil deshalb eher nach einem Kompromissversuch aus. Allen Anschein nach befindet sich die Ukraine dadurch auf der Gewinnerseite, denn das Gericht ist auf die finanziellen Erwartungen von Gazprom nur teilweise eingegangen. Wäre den Forderungen entsprochen worden, müsste die Ukraine an Gazprom 81,4 Mrd. USD zahlen.

---

[39] http://www.spiegel.de/wirtschaft/unternehmen/gazprom-verliert-gasstreit-mit-der-ukraine-a-1196084.html

Diese Summe entspräche 74 % des gesamten ukrainischen Bruttoinlandsproduktes. Außerdem hat das Gericht festgelegt, dass Jahresvolumen der Gaslieferungen an die Ukraine von 52 Mrd. auf 5 Mrd. Kubikmeter zu senken. Dabei soll das Transitland nach dem Prinzip Take-or-Pay, nur 80 % oder zirka 4 Mrd. Kubikmeter Gas selbst kaufen. Gazprom reagierte auf diese Gerichtsentscheidung mit der sofortigen Unterbrechung seiner Lieferungen an und über die Ukraine. Der Stellvertreter des Vorstandes und Chef von Gazprom-Export, Alexander Medwedew, forderte deshalb Ende Februar 2018 zusätzliche Vereinbarungen und gab die Vorauszahlung für März 2018 vorerst an Naftogas zurück. Gazprom-Chef Alexej Miller ließ dann allerdings den Konflikt weiter eskalieren, in dem er den unabhängigen Juristen des internationalen Schiedsgerichtes in Stockholm, „Doppelstandards" und Bevorzugung der Ukraine vorwarf und die unverzügliche Auflösung eines noch bis 2019 laufenden Liefervertrags ankündigte. Die ukrainische Seite wiederum verurteilte diese Handlungen als Vertragsbruch und als Nichterfüllung der Gerichtsentscheidungen. Doch aus all diesen komplizierten Problemen ergaben sich noch weitere Misshelligkeiten. So führte die Unterbrechung der Gaslieferungen beispielsweise bereits zum Druckabfall in den Leitungen, was ernsthafte Schädigungen des ukrainischen Transportsystems erwarten lässt. Auch deshalb hat der ukrainische Außenminister Pawel Klimkin weitere Maßnahmen gegen Gazprom in Europa angekündigt. Die Experten der einflussreichen Moskauer Stiftung für nationale Energiesicherheit haben diese Entscheidung analysiert und sind zum Schluss gekommen, dass das Stockholmer Schiedsgericht diese Entscheidung traf, weil der Punkt des Vertrages Take-or-Pay bezüglich der Ukraine praktisch nicht funktionierte und das Gasvolumen im Bezug darauf gesenkt werden sollte. Anders gesagt: In der Vereinbarung stand, dass die Ukraine ursprünglich eine festgelegte Gasmenge kaufen sollte, aber sie wegen der geänderten Wirtschaftsbedingungen nicht abgenommen hat. Dafür waren im Vertrag die entsprechenden Sanktionen vorgesehen. Gazprom sollte nach diesem Vertrag 110 Mrd. Kubikmeter über das ukrainische Territorium nach Westen liefern. Dabei waren aber keinerlei Sanktionen gegen Gazprom selbst vorgesehen, auch dann nicht, wenn der Konzern diesen Punkt nicht erfüllt. In der Tat: 2017 lieferte Gazprom 93,5 Mrd. Kubikmeter über die Leitung. Sicher ist, dass das über die Ukraine gelieferte Volumen und auch die Bedingungen seit dem Inkrafttreten des Vertrages 2009 mehrmals geändert wurden. Die Logik des Schiedsgerichtes ist also unklar, besonders wenn wir berücksichtigen, dass im Vertrag keine Sanktionen im Bereich des direkten Gastransits vorgesehen wurden.[40]

Fachleute rechneten allerdings damit, dass der russische Konzern gegen die Gerichtentscheidungen in Revision gehen würde, was dann inzwischen auch geschehen ist. Naftogas-Chef Andrej Kobolew befürchtet, dass Gazprom verstärkt nach Lücken in der Prozedur der Gerichtsentscheidungen suchen wird. Olga Solowjewa, Kommentatorin der Tageszeitung *Nesawissimaja Gaseta*, zitiert am 6. März 2018 Naftogas-Handelsdirektor Yuri Vitrenko, der von Gazprom 2,56 Mrd. USD und bei Verzögerungen,

---

[40] http://www.energystate.ru/news/11340.html

Tagesverzugszinsen in Höhe von 500.000 USD fordert.
Der auf den Börsenhandel spezialisierte Analytiker der
Moskauer Beraterfirma „Alor Broker", Kirill Yakowenko,
meint in seinem Kommentar in der gleichen Zeitung, dass
die Ukraine wahrscheinlich bis zum Ende der Heizungs-
periode die benötigten Gaslieferungen nicht bekommen
wird. Außerdem wäre mit neuen ukrainischen Klagen vor
Gericht zu rechnen. Rustam Tankaew, führender Experte
des russischen Verbandes der Öl- und Gasindustriellen,
nennt das Jahr 2020 als möglichen Termin weiterer Entscheidungen. Nach Auffassung von Konstantin Simonow,
Chef der Moskauer Stiftung der Energiesicherheit, könnte
die ganze Prozedur der Einreichung der Klage bis zur Entscheidung sogar 4 Jahre dauern. Doch auch hier steht die
Frage im Raum, wie sich Gazprom in dieser komplizierten Situation weiter verhalten wird. Es wird dringend notwendig sein, dass die EU-Kommission in diesem Konflikt
als Vermittler auftritt. Im gleichen Zusammenhang schreibt
Olga Solowiewa von der *Nesawissimaja Gaseta* unter Berufung auf die Agentur Standart & Poors am 6. März 2018,
dass der gänzliche Verzicht auf ein Transitabkommen mit
der Ukraine eine Reihe fundamentaler Risiken für Russland in sich bergen würde.[41] Das betrifft sowohl die Lieferungen selbst als auch die Marktposition von Gazprom, die
schon während der Beendigungsprozedur der ukrainischen
Verträge zu Zweifeln der Kunden an der Sicherheit und
Zuverlässigkeit im Vergleich mit anderen Brennstoffträ-
gern geführt hatten. Auch das könnte zu guter Letzt auf die

---

[41] http://www.ng.ru/economics/2018-03-06/100_gas_germany.html

Entscheidung der Regulierungsbehörden über die geplanten alternativen Lieferungsrouten Einfluss nehmen. Die Experten gehen jedoch davon aus, dass Gazprom ungeachtet der zu erwartenden Unterbrechungen, Europa künftig wieder über die Ukraine mit Gas beliefern wird. Auch aufgrund von klimatisch bedingten Kälteproblemen in Europa wäre es schwer, einen Ersatz für Gazprom zu finden. Es wird sogar davon ausgegangen, dass im Fall der Inbetriebnahmen der Nord Stream 2 und der Turkish Stream, die ukrainische Route für den Ausgleich von saisonalen Schwankungen – zum Beispiel auch im unterschiedlichen Spitzenverbrauch – erforderlich sein wird. Aus diesen Gründen kann künftig auf die Leitung nicht verzichtet werden.

Eins steht heute allerdings fest: Die Hoffnungen von Gazprom auf eine mehr oder weniger friedliche Lösung des Konfliktes, ist vorläufig offensichtlich fehlgeschlagen. Statt neue, für beide Seiten akzeptierbare Vertragsregeln zu erarbeiten, haben die ukrainischen Behörden gegen Gazprom praktisch einen Krieg begonnen. Es geht laut der Auffassung des ukrainischen Ministerpräsidenten Wladimir Grossmann dabei auch um Gazprom-Eigentum auf dem ukrainischen Territorium, das man in Regress nehmen möchte. Nach seinen Worten wären das die Immobilien der Firmen Gazprom-Absatz-Ukraine, des Internationalen Konsortium für die Verwaltung und Entwicklung des Gastransportsystems Ukrainas sowie Wertpapiere des Instituts JushNII-Giprogas und Gastransit. Grossmann meint, Gazprom sollte zuerst die vom Stockholmer Schiedsgericht genannte Summe von 2,56 Mrd. USD zahlen und erst dann könnte verhandelt werden. Auch der Chefexperte der Moskauer Stiftung Energiesicherheit, Igor Yuschkow, meinte in einer Sendung des Internetportals Prawda.ru, dass sich wichtiges Gazprom-Eigentum auf dem ukrainischen Territorium, vor allem in den Transitpipelines, befände. Die Ukraine hätte die Wahl zwischen zwei Varianten der Konfliktlösung: „Krieg" oder „Verhandlungen". Kiew hat seiner Meinung nach auf US-Anweisung den Krieg gewählt, weil das objektiv den amerikanischen Interessen entgegenkommt. So wollen die USA russisches Pipelinegas in Europa durch eigenes LNG ersetzen.

Nach Informationen in der *Nesawissimaya Gaseta* vom 21. März 2018 versucht Gazprom das Inkrafttreten des zweiten Teils der Beschlüsse des Stockholmer Schiedsgerichtes zu stoppen, um auf diese Weise zu verhindern, dass sich die Strafe täglich erhöht. Das wäre aber nach der Meinung von Alexander Wolkow, Chefjurist der ukrainischen Firma EPAP Ukraine, nur über schwedische Gerichte möglich.[42]

Literatur

Andrej Probitük „Das Gespenst des leeren Rohres", Deutsche Welle, russische Ausgabe vom 09.01.2017

Informationsagentur News Front info, 25. Oktober 2017

Sergej Prawosudow (2017) Erdöl und Gas. Geld und Macht, Verlag KMK, Moskau

Lydmilla Synelnyk (2013) Energierressourcen und politische Er-pressung – der Gasstreit zwischen Russland und der Ukraine, Diplomica Verlag, Hamburg

---

[42] http://www.ng.ru/economics/2018-03-21/1_7194_budapesht.html

20

Nord Stream 1

Die eigentliche Geschichte von Nord Stream begann schon 1996. Darüber schreibt Sergej Prawosudow in seinem Buch *Erdöl und Erdgas. Geld und Macht* und beruft sich auf den technischen Direktor der Firma Operator der Nord Stream AG, Sergej Serdyukow, die sich seit dem Zeitpunkt mit der Idee des Baus der Pipeline beschäftigt. Für dieses Vorhaben gab es zwei wesentliche Gründe. Die russischen Möglichkeiten sollten vor allem aus der Perspektive des Wachstums des Gasverbrauches in Europa erweitert werden. Zum zweiten ging es darum, jegliche Transitrisiken auszuschalten. Gazprom, Wintershall und E.ON Ruhrgas waren sich allerdings schon während der Verhandlungsphase ganz und gar nicht einig, mit welchen Mitteln im Detail der deutsch-russische Gashandel ausgeweitet werden könnte. E.ON Ruhrgas sah die Einrichtung einer zusätzlichen Pipeline

© Springer Fachmedien Wiesbaden GmbH,
ein Teil von Springer Nature 2018
O. Nikiforov, G.-E. Hackemesser, *Die Schlacht um Europas Gasmarkt*,
https://doi.org/10.1007/978-3-658-22155-3_20

über Weißrussland und Polen und aus Kostengründen die Erweiterung der Transitmöglichkeiten der Ukraine als eine günstigere Alternative zu einer Unterwasserpipeline. Wintershall konzentrierte sich auf bestehende Gemeinschaftsprojekte mit Gazprom im russischen Upstreamsektor und hielt den Bau einer Unterwasserleitung für nachrangig. Im Kapitel „Europäische Gazprom-Strategie" standen bereits die finanziellen Verluste beim Transport über ukrainisches Territorium und der Bau einer zweiten Röhre der Pipeline Yamal-Europa über Weißrussland und Polen nach Deutschland im Mittelpunkt. Wegen Auseinandersetzungen mit der polnischen Regierung kam dieses Vorhaben jedoch nicht zustande. Ursprünglich hatten die Gazprom-Experten die Absicht, eine Unterwasserpipeline mit einer Kapazität von zuerst jährlich 19,2, dann 30 und später von 55 Mrd. Kubikmetern zu bauen. Zu guter Letzt entstand eine Leitung mit zwei parallelen Strängen von 1220 mm Durchmesser, die etwa 55 Mrd. Kubikmeter Gas im Jahr befördern kann.

Die ursprünglich geplanten Kosten in Höhe von mehr als 4 Mrd. Euro für den Bau der Pipeline wurden fast verdoppelt. Die Gesamtausgaben für diese bislang größten privaten Investitionen in ein Pipelineprojekt der europäischen Infrastruktur wurden zu 30 % aus Eigenmitteln der beteiligten Unternehmen und zu 70 % über Kredite finanziert. Aber auch technisch gesehen ist das Vorhaben von großem Interesse. So wird der Druck der russischen Gasverdichtungsstation im Leningrader Gebiet am Ausgang 220 und auf dem Festland 106 bar betragen. Die Einzigartigkeit dieser Pipeline besteht auch darin, dass Nord-Stream-Gas im verdichterlosen Modus 1224 km durchlaufen wird und die Leitung laut Plan 50 Jahre lang ohne Reparatur-arbeiten arbeiten soll. Der Vertrag über den Bau der Nord-Stream, die zu diesem Zeitpunkt noch den Namen Nord-europäische Pipeline trug, wurde am 8. September 2005 in Berlin in Anwesenheit des russischen Präsidenten Wladimir Putin und des damaligen deutschen Bundeskanzler Gerhard Schröder unterschrieben.

Aus rein wirtschaftlicher Sicht bringt die Inbetrieb-nahme der Nord Stream klare Vorteile für Deutschland. So sicherte sich das Land dank der Ostseepipeline einen ver-traglichen Zugang zu russischen Gasfeldern sowie strategi-sche Vorteile durch den Einsatz umweltfreundlicher Ener-gieträger. Außerdem kann es keine Probleme mit den Tran-sitländern geben. Dadurch wird der Einfluss möglicher politischer Spannungen reduziert, die sich negativ auf die Lieferungen nach Deutschland auswirken könnten. Russ-land gewährleistet Gasexporte nach Westeuropa auf direk-tem Wege. Der Lieferant, wie auch der Konsument sind auf diese Weise künftig unabhängig von Transitschwierigkei-ten, z. B. wenn Preisangleichungen als ein gewisses Druck-mittel dienen, um für sich selbst exklusive Lieferbedingun-gen durchzusetzen.

Die Entwicklung zeigt aber gleichzeitig, dass angesichts der hohen Emissionen bei der traditionellen Kohleverstro-mung und dem vereinbarten Atomausstieg, Erdgas zuneh-mend ein brauchbarer Ersatz mit zahlreichen Vorteilen für die viel Zeit in Anspruch nehmende Übergangsperiode zur Versorgung mit erneuerbaren Energien ist. Es gibt aber auch sehr bemerkenswerte Einwände. Die Kritiker bemän-geln, dass die Pipeline-Erdgas-Versorgung noch stärker an den bisherigen Hauptlieferanten Russland gebunden wird.

Diese Abhängigkeit berge nicht nur Gefahren schädlicher Preissteigerungen aufgrund der russischen Monopolstellung, sondern noch andere größere Risiken. In erster Linie wird der Wiederstand seitens der Länder Polen, Litauen, Lettland, Estland und anderer osteuropäischer Staaten als politisch äußerst problematisch verstanden. Diese Länder beschuldigen Russland, ihren Interessen zu schaden, in dem sie mit ihrer Haltung die Spaltung der Europäischen Union und Deutschland betrieben. Der damalige polnische Verteidigungsminister, Radosław Sikorski, verglich 2006 diesen deutsch-russischen Vertrag – natürlich sehr überzogen – mit dem Hitler-Stalin-Pakt (Berliner Morgenpost 2. Mai 2006). Ein wichtiger Grund für den polnischen Widerstand liegt natürlich darin, dass die Ostseepipeline mit den bereits bestehenden Landleitungen konkurriert und damit die natürlicherweise sehr willkommenen Einnahmen aus Transitgebühren deshalb wegfallen würden. Zur Stärkung der eigenen Energieversorgung ist deshalb im Nordwesten Polens und in Litauen der gemeinsame Bau und Betrieb von Kernkraftwerken geplant. Vor allem die baltischen Staaten befürchten, dass Russland seine Gaslieferungen als politische Waffe einsetzen wird. Auch Schweden meldete sich mit heftiger Kritik zur Leitung Nord Stream 1. Schwedische Politiker bezeichneten im Juli 2006 die Pipeline als „falschen Schritt". Dabei wurde besonders auf mögliche ökologische- und Spionagegefahren hingewiesen. Unter anderem forderte der ehemalige Botschafter und sicherheitspolitische Experte Krister Wahlbäck von seiner Regierung die Anmeldung schwedischer Interessen bei der deutschen und russischen Regierung und verwies auf Bedenken hinsichtlich der ökologischen Risiken für die Ostsee (vgl. Abb. 20.1). Dabei geht es nach schwedischen Vorstellungen hier unter anderem um Gotland und die umliegenden Regionen, wo Hunderttausende Schweden alljährlich ihren Urlaub verbringen. Im Einzelnen protestierten schwedische Politiker gegen eine ursprünglich geplante 70 Meter hohe Wartungsplattform östlich von Fårö. Die Nord Stream AG sah sich daraufhin gezwungen, auf diese Anlage zu verzichten. Stattdessen soll dort die Wartung der Pipeline mit Sonden und Robotern erfolgen. Auf Sicherheitsgefahren anderer Art wies der ehemalige schwedische Verteidigungsminister Mikael Odenberg hin. Seiner Meinung nach, könne durch Moskau die Pipeline und deren angekündigter Schutz durch die Kriegsflotte auch für Militär- und Industriespionage missbraucht werden.

Abb. 20.1 Untersuchungen auf dem Meeresgrund zur Rohrverlegung für Nord-Stream-1. (Quelle: Gazprom)

Schließlich gab es doch einen Kompromiss. Schweden erlaubte im Jahre 2009 die Röhrenverlegung auf dem Boden der Ostsee im Hoheitsgebiet. Allerdings wurde die Einhaltung strengerer Vorgaben zum Schutz der Umwelt gefordert. Interessant ist, dass die Vereinigten Staaten von Amerika die Kritiker dieser Pipeline unterstützen, weil selbst eigene Experten ebenfalls vermuten, dass sie für politische Zwecke missbraucht werden könnte. Diese Einsprüche werden gleichfalls aber auch als Begründung für die nicht realisierten Projektänderungsvorschläge einer Nord-Stream-1-Abzweigung für Gaslieferungen nach Großbritannien angesehen. Schon im Jahre 2012 hatte die britische Erdöl- und Erdgasfirma BP Verhandlungen mit Gazprom über die Verlängerung der Nord-Stream-Leitung geführt. Die britische Agentur BBC bestätigte, dass für das Unternehmen BP sogar eine direkte Beteiligung am Nord-Stream-Projekt möglich gewesen wäre. Ursprünglich hätte Gazprom-Chef Aleksej Miller auf seiner Jahrespressekonferenz im Sommer 2012 darüber gesprochen, dass die Briten an einer Abzweigung der Nord-Stream für die Grafschaft Norfolk besonders interessiert sind.[1]

Großbritannien benötigt ungefähr 70 Mrd. Kubikmeter Gas pro Jahr, weit weniger als Anfang der 1990er-Jahren, wo der Bedarf noch bei 90 bis 95 Mrd. Kubikmeter lag. Heute kommt das Gas zu 40 % aus eigenen Quellen. Größte Zulieferer von LNG ist Katar, während russisches Gas – 2016 ca. 17,9 Mrd. Kubikmeter – Großbritannien bisher nur indirekt über andere Zwischenhändler erreicht.

---

[1] http://www.bbc.com/russian/business/2012/11/121126_gazprom_uk_nordstream

Doch bis zum Jahre 2025 soll der Bedarf an Importgas um 8 bis 12 Mrd. Kubikmeter ansteigen und, wie die britische Energiegesellschaft National Grid Future Energy Scenarios (FES) berichtet, zum großen Teil aus Russland kommen. Gazprom nutzt heute für solche Lieferungen die Gasleitung Interconnekter Europa/Großbritannien, die über die Nordsee zwischen den britischen Gasterminals in Becton und dem belgischen Seebrügge läuft, wie bereits im Kap. 10 berichtet wurde.

Ursprünglich besaß Gazprom 51 % der Aktien der Operator Nord Stream AG. Die Anteile der deutschen Firmen E.ON und der BASF-Tochter Wintershall betrugen je 24,5 %. Später schlossen sich der Aktiengesellschaft das niederländische Unternehmern Gasunie und die französische Firma Engie mit Anteilen von je 9 % an. Aus diesem Grund wurden auch die Beteiligungen von E.ON und BASF bis auf je 15,5 % gekürzt, während Gazprom 51 % behielt. Laut dem Vertrag gehören zu den Gaskäufern aus dieser Pipeline die Unternehmen Wingas mit 9, Gazprom Marketing and Trading mit 4, E.ON mit 4, Gas de France mit 2,5 und Dansk Naturgas and Dansk Olie og Naturgas oder DONG Energy mit 1 Mrd. Kubikmetern. Das Gas für diese Leitung kommt aus dem südrussischen Vorkommen in Yamalo-Nenezker Autonomen Gebiet, an deren Abbau neben Gazprom auch BASF/Wintershall und E.ON beteiligt sind.

Die Nord Stream gilt als besonders interessante neue russische Exportroute in die EU-Länder, weil bis zu ihrem Bau Gazprom-Gas nur über Landstrecken geliefert wurde. Um diese 1224 km lange Seepipeline zwischen den Verdichtungsstationen Portowaja bei Wyborg bis Lubmin in der

Nähe von Greifswald in Mecklenburg-Vorpommern mit dem deutschen Gasnetz zu verbinden, mussten die OPAL-Leitungen als Abzweigungen gebaut werden, die Nord Stream mit dem östlichen und mit dem westlichen NEL-Gasnetz Deutschlands verbinden. Dazu wurde die Gesamtroute der Nord Stream durch die Wirtschaftszonen von Russland, Deutschland, Finnland, Schweden und Dänemark verlegt.

Einst wurde der Bau der Nord Stream gegen Ende der 1990er-Jahre von der Europäischen Union begrüßt. Der Nachrichtensender n-tv berichtete am 8. November 2011 sogar, dass die Ostseegaspipeline Nord Stream nach der Rede des EU-Energie-Kommissars Günther Oettinger in Lubmin „eine neue Transportqualität" aufweist (hierzu auch Abb. 20.2). Zehn Prozent des europäischen Gasimports kämen künftig über die neue Leitung. Derzeit importiere die EU 125 Mrd. Kubikmeter aus Russland, in Zukunft könnten es deutlich mehr sein. Diese Ostseepipeline mache die älteren Leitungen durch die Ukraine und Weißrussland jedoch nicht überflüssig, auch wenn sie sich in keinem guten Zustand befänden. Für die Europäische Union sei es wichtig, die Routen zu diversifizieren, um verschiedene Quellen, auch zusätzliche in Norwegen, Algerien, Katar und Zentralasien, zur Verfügung zu haben. „Für Russland gebe es Chancen im EU-Binnenmarkt", versicherte Oettinger damals bei der feierlichen Eröffnung in Lubmin. Das ist hinsichtlich der Krisen mit der Gasversorgung Europas in den Jahren 2006 und 2009 („Ukrainische Sackgasse") nur zu bestätigen.[2]

---

[2] https://www.n-tv.de/wirtschaft/Nord-Stream-Pipeline-eroeffnet-article4718011.html; http://www.bbc.com/russian/business/2012/11/121126_gazprom_uk_nordstream

Abb. 20.2 Symbolischer Start von Nord Stream 1: Mit dem französischen Präsidenten François Fillon, Bundeskanzlerin Angela Merkel, dem damaligen russischen Präsidenten Dimitry Medwedew, dem holländischen Ministerpräsidenten Mark Ruette und EU-Energiekommissar Günter Oettinger. (Quelle: Gazprom)

Die Meinung der Europäischen Union gegenüber der Nord Stream begann sich allerdings im Laufe der ersten Versorgungskrise zu ändern. Anfangs von der EU unterstützt, erhielten die Planungen zum Bau der Ostseepipeline im Jahr 2000 im Programm transeuropäischer Netze noch Priorität. Jedoch änderte sich die Haltung teilweise, als Russland Ende 2005 der Ukraine wegen nicht beglichener Rechnungen die Gaslieferungen sperrte. Nach diesen Ereignissen nahm die allgemeine Skepsis gegenüber der geplanten Ostseepipeline zu. Auf EU-Ebene entstand die Auffassung, eine eigene außenpolitische Vorgehensweise zu entwickeln, um zukünftig Energiequellen, Lieferanten und

Transportwege stärker zu diversifizieren. In diesem Zusammenhang wurde der Bau einer anderen Gaspipeline – unter Umgehung von Russland – vom Schwarzen Meer nach Österreich beschlossen. Dieses Projekt „Nabucco" wurde jedoch bis heute nicht realisiert. Ursprünglich gab es im Zusammenhang mit der Nord Stream eine Vielzahl weiterer Hindernisse. So z. B. durch ein seit 2012 laufendes EU-Kartellverfahren gegen Gazprom. In der *Russlandanalyse* (Nummer 305, 20. November 2015) schreibt die deutsche Wissenschaftlerin Kirsten Westphal, dass diese Probleme mit der Verbindung der Pipeline mit dem innerdeutschen Gasnetz verbunden waren.[3]

Der Nord-Stream-Anschluss läuft über die Ostsee-Anbindungsleitung (OPAL), die ausgehend von der Anlandestelle Lubmin, Erdgas bis nach Olbernhau an die Tschechische Grenze liefert (Abb. 20.3). Über die Gazelle-Pipeline werden dann über Tschechien weitere Gasmengen nach Waidhaus in Deutschland transportiert. Dort kommen auch Leitungen an, die das durch die Ukraine geleitete Gas befördern. Gemäß EU-Vorgaben muss ein Teil der OPAL-Kapazitäten anderen Lieferanten zur Verfügung gestellt werden. Da aber aufgrund des russischen Exportmonopols von Gazprom kein anderes Unternehmen Gasmengen über die Nord-Stream-Pipeline transportieren darf, blieben 50 % der möglichen 36 Mrd. Kubikmeter Kapazität von OPAL weitgehend ungenutzt. Die dann 2009 von der Bundesnetzagentur gewährte Ausnahmegenehmigung für einen regulierten Netzzugang wurde

---

[3] http://www.laender-analysen.de/russland/pdf/RusslandAnalysen305.pdf

Abb. 20.3   Die Ostseeanbindungsleitung OPAL. (Quelle: Michail Mitin)

von der Kommission abgelehnt, da sie zwar die Gasversorgungssicherheit, nicht aber den Wettbewerb verbessert hätte. Die Kommission verfügte, dass Gazprom und die mit ihm verbundenen Unternehmen die OPAL-Pipeline nur dann voll nutzen dürfen, wenn sie ein sogenanntes „Gas-Release"-Programm durchführen, bei dem 3 Mrd. Kubikmeter Erdgas frei zugänglich versteigert würden. Der Kombinationsversuch von Gasauktionen und Transportkapazitäten sowie der Entflechtung von Netzbetreibern wurde ursprünglich als ein Mittel angesehen, mehr Wettbewerb zu schaffen und Markteintrittsbarrieren zu senken. Dieses Release-Programm wurde jedoch nicht umgesetzt. Am 31. Oktober 2013 schlossen Gazprom, die OPAL-Gastransporte und die Bundesnetzagentur einen Vergleichsvertrag. Dieser ausgehandelte Kompromiss hätte es erlaubt, dass Gazprom die Pipeline zu 100 % nutzt, wobei 50 % fest zugewiesen wurden und 50 % der Kapazität in einer Auktion durch das Staatsunternehmen ersteigert werden

Abb. 20.4 Opal und Nel – Nord Stream 1: Mit den inneren Leitungssystemen verbunden. (Quelle: Gazprom)

kann. Obwohl dieser Kompromiss im Beisein der Kommission erzielt wurde, verschob Brüssel die für März 2014 erwartete formelle Bestätigung immer wieder. Neue EU-Festlegungen erlaubten dem Unternehmen dann, die Pipelinenutzung 2016 auf bis zu 90 % zu erweitern. Am 28. Oktober 2016 schrieb dazu Martin Brückner in *Infosource*,[4] dass die neue Regelung 22 Jahre gültig sei und in der Kommission die große politische Dimension dieser Entscheidung nicht geleugnet wird (Abb. 20.4).

Literatur

Sergej Prawosudow (2017) Erdöl und Erdgas. Geld und Macht, Verlag KMK, Moskau
Radosław Sikorski (2006) Berliner Morgenpost 2. Mai 2006

---

[4] http://kundenbereich.mbi-infosource.de/article.php?id=2610797

21

Nord Stream 2

Das Projekt der neuen baltischen Unterwasserseepipeline zwischen Russland und Deutschland fand seit seiner
Ankündigung ein sehr widersprüchliches Echo in Europa.
Am 20. Oktober 2016 verglich der polnische Minister für
europäische Angelegenheit, Konrad Szymanski, in einem
Artikel in der britischen Financial Times die Leitung
sogar mit „einem Trojanischen Pferd" und meinte, dass sie
imstande wäre, die Wirtschaft zu destabilisieren und die
politische Beziehungen in der EU zu vergiften.[1]

Nach eineinhalb Jahren veröffentlichte das US-Maga-
zin *The National Interest* in einem Beitrag am 2. Mai 2018
die Auffassung der drei führenden europäischen Manager

---

[1] https://www.ft.com/stream/f1731879-c9df-31cb-a941-dbd3658950ef

© Springer Fachmedien Wiesbaden GmbH,
ein Teil von Springer Nature 2018
O. Nikiforov, G.-E. Hackemesser, *Die Schlacht um Europas Gasmarkt*,
https://doi.org/10.1007/978-3-658-22155-3_21

Klaus Schäfer, Mario Mehren und Rainer Seele zur neuen baltischen Unterwasserseepipeline, die vor einer Panik auf beiden Seiten des Atlantiks warnten.[2]

Warum berührt eigentlich dieses Projekt, sowohl Politiker und Geschäftsleute in Europa als in den USA in gleichem Maße? Vereinfacht und rein formell gesehen geht es hier eigentlich nur um die Ware Gas, um den Verkäufer Gazprom und einige deutsche Energieunternehmer als potenzielle Käufer, die einen bestimmten Nachfragebedarf befriedigen wollen. Doch die Details – wie wird geliefert und wer liefert – beeinflussen die Stimmung in weiten Kreisen der Politiker und der Wirtschaftsleiter. Wie der Verlauf der Geschichte in diesem wichtigen Rohstoffbereich zeigt, kann das in der modernen Welt zu politischer Instabilität und gegenseitigen Misstrauen führen. Dazu dienen in diesem Projekt sowohl die wirtschaftlichen als auch die politischen Auffassungen der Angreifer und Verteidiger, mit oft sehr kontroversen Auffassungen.

Die Überlegungen für den Bau von Nord Stream 2 sind eng mit den Problemen bei der Realisierung der Süd Stream verbunden. Nach den entstandenen Schwierigkeiten bei der Verwirklichung des Projektes Süd Stream wegen des Widerstandes der EU-Kommission und später mit der Turkish Stream aufgrund der Probleme mit dem türkischen Partner (Kap. 17 und 18) richtete Gazprom seinen Blick nach Norden. Wie Andrei Gurkow für die russische Ausgabe der Deutschen Welle vom 9. Juli 2015[3] berichtet,

---

[2] http://nationalinterest.org/feature/misplaced-fears-over-nord-stream-2-25661

[3] Türkstream stirbt -es lebe Nord Stream-2 – http://www.dw.com/ru

stand der Bau der zusätzlichen Stränge der Nord-Stream-Leitung bereits auf dem St. Petersburger Wirtschaftsforum vom 18. bis 20. Juni 2015 zur Diskussion und schon eine Woche später nannte Aleksej Miller auf der Gazprom-Jahresversammlung 2019 für die beabsichtigte Inbetriebnahme. Ein weiterer Beweis dafür, dass dieses Projekt jedoch keine spontane Entscheidung war, sind die allerersten Untersuchungen und Vorarbeiten zur Erweiterung der Nord Stream, die bereits im November 2011 durch die Projektgesellschaft Nord Stream 2 nach dem Beschluss der beteiligten Unternehmen ENGIE, OMV, Shell, Uniper und der Wintershall-AG erfolgten.[4] Die notwendigen technischen und wirtschaftlichen Analysen wurden dann von einem sogenannten „kleinen Office" (Sergej Prawosudow, Erdöl und Erdgas. Geld und Macht, 2017, S. 250) erarbeitet und führten im Sommer 2014 über eine Festlegung eines Unterausschusses der Aktionäre zu den erforderlichen Dokumenten für die Projektierung, den Bau und die Finanzierung (Abb. 21.1). Damit wurden die wesentlichsten Grundlagen für die notwendigen operativen Entscheidungen für die Nord-Stream-2-Leitung gelegt. Auf einem Anfang September in Wladiwostok stattfindenden Forum zum Thema Ostwirtschaft besiegelten dann Aleksej Miller (Gazprom), Kurt Bock (BASF), Klaus Schäfer (E.ON), Pierre Chareyre (Engie), Rainer Seele (OMV) und Ben van Beur (Royal Dutch Shell) das Vorhaben endgültig offiziell. Zur Realisierung des Projektes wurde die Joint Venture

---

[4] https://www.nord-stream2.com/de/unternehmen/anteilseigner-und-finanzinvestoren/

Abb. 21.1 Unterzeichnung des Abkommens über die Finanzierung des Projektes Nord Stream 2 (von links nach rechts) Martin Wetselaar/Shell, Klaus Schäfer/Uniper, Mario Mehren/Wintershall, Aleksej Miller/Gazprom, Ex-Bundeskanzler Gerhard Schröder, Isabelle Kocher/Engie, Gerard Mestrallet/Engie, Rainer Seele/OMV, Matthias Warnig/Nord Stream AG. (Quelle: Gazprom)

New European Pipeline AG gegründet, in der Gazprom mit 51, Engie mit 9 und die anderen Unterzeichner mit je 10 % vertreten waren. Gleichzeitig bekundete Gazprom die Absicht, 1 % seines Anteils an Engie zu übertragen. Mit den beiden für eine Jahreskapazität von 55 Mrd. Kubikmetern Gas ausgelegen Strängen der neuen Pipeline erweitern sich die Transportmöglichkeiten von Nord Stream 1 auf insgesamt jährlich 110 Mrd. Kubikmeter.[5] Bereits bei den ersten Planungs- und Bauvorbereitungen protestierten die

---

[5] https://politikus.ru/v-rossii/57195-gazprom-dal-gazu-severnyy-potok-2-sila-sibiri-2-a-dalshe-yuzhnaya-amerika.html; http://www.gazprom.de/collaboration/projects/nord-stream2/

USA, Polen und die baltischen Staaten gegen diese Erweiterung. Schließlich äußerte sich auch das EU-Parlament in einer Resolution kritisch zum Nord-Stream-2-Bau. Seine Gegner meinten, dass Nord Stream 2 nicht im europäischen Interesse sein könne und Russland mit der Umgehung der Ukraine als Transitland noch mehr Einfluss auf dem europäischen Energiemarkt gewinnen würde. Logischerweise wird dieser Wiederstand auch weiterhin von den Amerikanern aus politischen, aber auch aus eigenwirtschaftlichen Gründen aktiv unterstützt, die den Europäern den Kauf ihres LNG-Flüssiggases anbieten, um den Energiemarkt mit zu beherrschen und damit dementsprechend die Abhängigkeit von Russland zu verhindern.[6]

Dennoch stellt sich die Frage, ob Nord Stream 2 für Deutschland von Vorteil oder von Nachteil wäre, denn aus ökonomischer Sicht ist LNG teurer als Pipelinegas und eigentlich lassen sich private Firmen kaum dazu zwingen, von politischen Motiven ausgehend zu handeln. Amerikanisches LNG könnte jederzeit auch in andere Regionen verkauft werden, die günstigere Konditionen bieten als Europa. Eins ist sicher: Ein LNG-Angebot erweitert die Auswahlmöglichkeiten der Gasversorgung und sorgt für Konkurrenz. Tatsächlich würde Bau der Erdgasleitung Nord Stream 2 Deutschland zum Energiezentrum machen und die politischen Einflussmöglichkeiten in Europa enorm stärken.[7]

---

[6] https://de.sputniknews.com/politik/20180311319886472-protest-nord-stream-2-eu-energiesicherheit; http://www.nachrichten.at/nachrichten/politik/aussenpolitik/Polen-und-USA-Nord-Stream-2-bedroht-Stabilitaet-Europas; art391,2799378

[7] https://deutsche-wirtschafts-nachrichten.de/thema/nord-stream-2/

Zu den Gegnern der Pipeline Nord Stream 2 zählte auch die Slowakei, die durch ihre Inbetriebnahme zu den Verlierern gehören würde. So könnte die Slowakei heute über das nationale Gasnetz Eustream jährlich bis zu 90 Mrd. Kubikmeter Gas umpumpen. Seit 2008 – nach der Inbetriebnahme von Nord Stream 1 – sank hier das Transitgasvolumen bereits bis auf 46,5 Mrd. Kubikmeter. Nach dem Vertrag mit Gazprom erhielt die Slowakei jedoch die Möglichkeit, bis 2028 pro Jahr bis zu 50 Mrd. Kubikmeter über die Leitung Eustram zu erhalten und jährlich ca. 355 Mio. Euro für seinen Haushalt zu verdienen.[8]

Im Juni 2016 versicherte Gazprom, dass es auch nach der Inbetriebnahme von Nord Stream 2 das slowakische Transportnetz weiter benutzen wird. Allerdings sollte der Transit über die ukrainische Leitung beibehalten werden. Im Falle der Erweiterung des Volumens der Gaslieferung über Nord Stream 2 wäre jedoch eine direkte Verbindung zum österreichischen Gastransportknoten Baumgarten erforderlich. Das wiederum könnte dazu führen, dass sich die Gaslieferungen aus der Slowakei nach Tschechien erübrigen. Für diesen Fall wäre die Slowakei dann weiterhin Transportkorridor, um die Ukraine mit dem Reversgas zu versorgen. Anderseits besteht für die Slowakei die Möglichkeit, als Teil des Vierländer-Pipelinesystems Eastring zu fungieren, das die Netze der Slowakei, Ungarns, Rumäniens und Bulgariens bis zur türkischen Grenze vereinigt (siehe Abb. 21.2).

---

[8] http://www.dw.com/de/nord-stream-2-russlands-politische-waffe/a-42664331

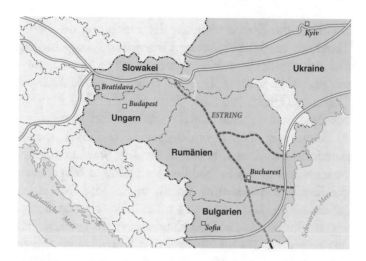

Abb. 21.2 Das Vier-Länder-Pipeline-System Eastring als Alternativentwurf zur South Stream und zu Nabucco. (Quelle: Michail Mitin)

Besonders interessant ist hier die Variante A, bei der Eastring aus neu gebauten Teilen der Pipeline von 19 km Länge in der Slowakei, 88 km in Ungarn, 725 km in Rumänien sowie aus der schon vorhandenen Infrastruktur in Rumänien mit 183 km und Bulgarien mit 259 km besteht. Die Variante B dagegen umfasst neue Leitungen von 19 km in der Slowakei, 88 km in Ungarn, 651 km in Rumänien und 257 km Länge in Bulgarien.

Bekannt ist, dass Polen zu den schärfsten Kritikern der Nord Stream 2 gehört. Mittelfristig könnten die Gaslieferungen durch die Yamal-Gasleitung infrage gestellt werden, weil der entsprechende Gazprom-Vertrag 2019 abläuft. Allerdings würde dann die Möglichkeit bestehen, dass Polen Gas aus Deutschland im Reversregime erhält. Das würde allerdings die Zweckmäßigkeit der Errichtung des LNG-Terminals an der polnischen Ostseeküste infrage stellen. Der Bau gerade dieses Flüssiggasterminals in Świnoujście – seit Juni 2016 heißt es „Lech Kaczyński" – wurde 2009 per Gesetz beschlossen, von den Unternehmen PGNiG begonnen und von „Polskie LNG" weitergeführt. Bereits am 11. Dezember 2015 legte der erste LNG-Tanker in Swinemünde an, dessen Terminal für die Wiederverdampfung von bis zu 5 Mrd. Kubikmetern und der Möglichkeit der Kapazitätserweiterung auf bis zu 7,5 Mrd. Kubikmeter Erdgas pro Jahr ausgelegt ist. Zusätzlich sind noch zwei weitere Tanks mit 160.000 Kubikmetern vorgesehen. Für den Zeitraum 2014 bis 2034 wurde mit dem Unternehmen Qatargas (Katar) ein Vertrag über die Lieferung von jährlich 1 Mio. Tonnen Flüssigerdgas für etwa 500 Mio. USD abgeschlossen.[9] Bei dem Swinemünder Terminal ergab sich ein Problem, weil das zur Wiederverdampfung von Flüssiggas benötigte Ostseewasser zu kalt ist. Deshalb werden hier SCV-Verdampfer (submergedcom-bustionvaporiser) eingesetzt, bei denen das Gas im Wasserbad von einem Brenner erhitzt wird, der dafür etwa 1,4 % davon selbst verbraucht.[10]

Bei ihrer bisher nicht voll ausgelasteten Kapazität könnte Swinemünde aber auch Importgas, z. B. für Dänemark über eine bisher – allerdings nur grob geplante – Baltic-Pipeline, in Richtung Lubmin für Deutschland zur OPAL oder in ein bestehendes Netz in Richtung Frankfurt zur JAGAL

[9] https://www.verivox.de/nachrichten/polen-bezieht-teil-seines-gases-von-2014-an-aus-dem-emirat-katar-42340/

[10] https://www.verivox.de/nachrichten/polen-bezieht-teil-seines-gases-von-2014-an-aus-dem-emirat-katar-42340/

aufnehmen. Bisher unternimmt lediglich Polen als einziges Land in der EU konkrete Schritte gegen eine Abhängigkeit von Gazprom. So berichtet die Deutsche Welle, dass Polen sich übergangen fühlte, weil bereits seit 2011 russisches Erdgas durch die Nord-Stream-Pipeline über die Ostsee nach Deutschland transportiert wurde.[11]

Bis heute wirft dieses Projekt seine Schatten auf das Verhältnis zwischen Deutschland und Polen. Doch auch das Anschlussvorhaben ist nicht ohne Probleme. Die seit Mitte 2011 bestehende Pipeline-Anbindungsleitung OPAL geht über die Ostsee entlang der deutsch-polnischen Grenze Richtung Süden und verbindet Nord Stream mit dem europäischen Fernleitungsnetz. So wird das russische Gas über die Tochterfirmen der deutschen Unternehmen Wintershall und E.ON sowie die dem russischen Staatskonzern Gazprom gehörende Leitung OPAL nach Tschechien und weiter in Richtung Westen transportiert. Obwohl die europäischen Wettbewerbsregeln es eigentlich nicht erlauben, dass Gashandelsfirmen, gleichzeitig den Zugang zu Gaspipelines kontrollieren (siehe Drittes Energiepaket), erhielten die OPAL-Anteilseigner von Beginn an Sonderkonditionen. Im damaligen Beschluss wurde festgelegt, dass die Bundesnetzagentur die Gasfernleitung OPAL für den Zeitraum von 22 Jahren weitestgehend von der Netzzugangs- und Entgeltregulierung ausnimmt. Den von der OPALNEL Transport GmbH und der E.ON Ruhrgas Nord Stream Anbindungsleitungsgesellschaft mbH für beide Leitungen

---

[11] http://www.dw.com/de/opal-pipeline-entzweit-polen-und-deutschland/a-38309045

eingereichten Anträge auf Freistellung von der Regulierung wurde damit für die OPAL mit ergänzenden Auflagen stattgegeben und für die NEL (Norddeutsche-Erdgasleitung) abgelehnt.

Beide Leitungen transportieren das von der Ostseepipeline (Nord Stream) aus Russland herangeführte Gas vom Übergabepunkt Greifswald auf dem Festland weiter (Abb. 20.3). Die OPAL verläuft von Greifswald bis zur tschechischen Grenze in der Nähe von Olbernhau/ Brandov, die NEL von Greifswald bis nach Rehden in Niedersachsen. Die Entscheidung wurde von Matthias Kurth, Präsident der Bundesnetzagentur, damit begründet, dass die Voraussetzungen für die Ausnahme erfüllt sind, weil die OPAL als sogenannte Verbindungsleitung das deutsche und tschechische Fernleitungsnetz miteinander verbindet. Die in Deutschland beginnende und endende NEL ist dagegen eine rein nationale Leitung, für die es keine Ausnahme geben kann. Seinen Worten nach, wurde eine ausgewogene Entscheidung getroffen, die den gesetzlichen Vorgaben entspricht und den beteiligten Unternehmen Planungssicherheit gewährt. Die Freistellung der OPAL gilt nur für Gastransporte aus der Nord-Stream-Leitung unmittelbar in Richtung Süden bis nach Tschechien. Inländische sowie mögliche Gegenstromtransporte von Tschechien nach Deutschland zählen jedoch nicht zu der Ausnahme. Nach dem jetzigen technischen Stand ist bei der OPAL-Leitung neben Tschechien auch ein Ausspeisepunkt in Groß Köris/Brandenburg vorgesehen, sodass auch der Regulierung unterliegende zusätzliche Gasmengen auf den deutschen Markt gelangen können. Die Errichtung weiterer Ein- und Ausspeisepunkte, z. B. zur Anbindung von Stadtwerken oder Speichern, wird damit möglich, für die dann die allgemeinen Rechtsvorschriften gelten. „Somit ist die Entscheidung ein klares Signal für die landseitige Anbindung der Ostseepipeline und ein wesentlicher Beitrag zur Versorgungssicherheit in Europa", wie es weiter in der Erklärung der Bundesnetzagentur steht.[12]

In einem Bericht des Ostinstituts Wismar heißt es:

> Eine von der Bundesnetzagentur gewährte Ausnahmegenehmigung von 2009 lehnte die EU Kommission im gleichen Jahr mit dem Argument ab, dass damit zwar die Gasversorgungssicherheit, nicht aber der Wettbewerb verbessert würde. Die Kommission regte in ihrem Schriftsatz an, ein sogenanntes Gas Release Programm durchzuführen, bei dem Gazprom drei Milliarden Kubikmeter Erdgas in Greifswald in einer Auktion hätte anbieten können. Damals war das russische Unternehmen dazu nicht bereit. Am 31. Oktober 2013 schlossen dann Gazprom, OPAL Gastransport und die Bundesnetzagentur einen Vergleichsvertrag. Dieser Kompromiss hätte es der Gazprom erlaubt, bis zu 100 Prozent der Transportkapazitäten zu nutzen. 50 Prozent wären fest zugewiesen, die anderen 50 Prozent hätte der russische Konzern in Auktionen ersteigern können.[13]

Im Mai 2016 wurde dann ein neues Abkommen über die Erhöhung der Kapazitäten zwischen der Bundesnetzagentur, Gazprom und dem Pipelinebetreiber unterzeichnet, dem dann Ende Oktober 2016 die EU-Kommission unter Auflagen zustimmte.

---

[12] https://www.bundesnetzagentur.de/SharedDocs/Pressemitteilungen/DE/2009/090225GasOPAL.html

[13] https://www.ostinstitut.de/documents/Westphal__Nord_Stream_2_und_die_Regulierung_im_EU_Binnenmarkt_OL_2_2017.pdf

Unter Einhaltung der Vorgabe, dass zusätzlichen Kapazitäten auf Auktionen angeboten werden, darf Gazprom die OPAL-Leitung bis zu 90 % nutzen. Experten sehen darin aber nach wie vor das Problem der Abhängigkeit von russischen Gaslieferungen, die ursprünglich eigentlich verhindert werden sollte „Doch mit dieser Entscheidung wird das Gegenteil erreicht", meinte Claudia Kemfert, Deutsches Institut für Wirtschaftsforschung (DWI), in Berlin im Gespräch mit der Deutschen Welle. Kirsten Westphal, Energieexpertin der Stiftung Wissenschaft und Politik, weist gleichfalls darauf hin, dass „Gazprom keine Chance mehr hätte, sobald es neue Interessenten gibt".[14] Zum Glück für den Konzern hatten sich aber bei der ersten und bisher einzigen Kapazitätenauktion im Dezember 2016 keine weiteren Interessenten gemeldet. Ob es sie in Zukunft geben wird, weiß niemand.

Dagegen legte jedoch der polnische Energieversorger PGNiG Anfang Dezember 2016 erneut Beschwerde gegen die EU-Entscheidung beim Gerichtshof der Europäischen Union (EuGH) in Luxemburg ein. Unabhängig davon klagte auch die polnische Regierung. Gleichzeitig nutzte der polnische Energieversorger eine weitere Möglichkeit, um seine Rechte durchzusetzen und ging gegen den OPAL-Vergleichsvertrag vor das zuständige Oberlandesgericht (OLG) in Düsseldorf. Ende 2016 stoppte das Luxemburger Gericht vorläufig die Entscheidung der EU-Kommission zu der Erhöhung der Gazprom-Transportkapazitäten

---

[14] http://www.dw.com/de/opal-pipeline-entzweit-polen-und-deutschland/a-38309045

und stellte für den Sommer 2018 ein entsprechendes Urteil in Aussicht. Ähnlich entschied auch das Oberlandesgericht in Düsseldorf eine Woche später, sodass der Vergleichsvertrag zwischen Gazprom und dem Pipelinebetreiber vorerst nicht rechtskräftig ist.

Die juristischen Streitereien verhinderten trotz allem nicht, dass um die Jahreswende eine Rekordmenge an russischem Gas durch die beiden Pipelines OPAL und Nord Stream geflossen ist. Im Gegenteil: Die Auslastung der OPAL-Leitung näherte sich der 100-Prozent-Marke. Durch die Aufhebung des Verbots zur Durchführung neuer Auktionen für die Gasleitung durch den Vorsitzenden des Gerichtshofs der EU im Sommer 2017 konnte Gazprom die Kapazitäten von OPAL und so von Nord Stream weiter voll nutzen. Polen protestiert wiederum dagegen. Die Bundesnetzagentur begründete ihre Haltung jedoch damit, dass die Zunahme des Durchsatzes der Leitung eine Folge der ergebnislosen Dezember-Auktion sei. Die Entscheidung des Oberlandesgerichtes betreffe hingegen nur künftige Versteigerungen und könne nicht auf die bereits stattgefundenen angerechnet werden.

„Das Land hätte sich längst an die Nord Stream anschließen können", meinen Kritiker der polnischen Auffassung.[15] Aus der Sicht von Warschau geht es aber neben der gefürchteten russischen Dominanz auf dem Energiemarkt auch um die Stabilität der Ukraine, die am Gastransfer verdient. Ihre Befürchtungen bestehen auch darin, dass sich die Auslastung der Pipeline Transgas, die durch die Ukraine

---

[15] https://www.dw.com/de/opal-pipeline-entzweit-polen-und-deutschland/a-38309045

verläuft, weiter verringert, wenn mehr Gas über die OPAL-Leitung fließt. Verkompliziert wird die Sachlage durch die unterschiedlichsten Interpretationen über den Inhalt der geforderten Energiesicherheit. Die EU-Kommission und Deutschland meinten dazu, dass „mehr Gasimporte aus Russland und direkte Verbindungen, auch mehr Energiesicherheit bedeuten würden", erklärt Agata Łoskot-Strachota, Expertin des Zentrums für Ostforschung (OSW), in Warschau.[16] Polen hat nicht nur allein große Einwände gegen diese Auslegung, sondern auch einige andere Länder Mittel- und Osteuropas. Zum Beispiel die Ukraine und Litauen, die in der Abhängigkeit vom russischen Gas ein erhebliches Risiko sehen. „Diese Länder suchen nach Möglichkeiten, Quellen und Wege zu erweitern", fügte Analystin Łoskot-Strachota hinzu. Je mehr russisches Gas über Nord Stream und OPAL fließt, desto schwerer wird es sein, alternative Gasprojekte zu realisieren, wie beispielsweise den von Polen beworbenen Import über die künftige Baltic Pipeline aus Norwegen oder die verstärkte Zufuhr von Flüssiggas über das neue polnische Terminal Świnoujście. Zunächst warten jedoch alle auf das Ende des Verfahrensstreites um OPAL, der vor dem Europäischen Gerichtshof voraussichtlich im August 2018 entschieden werden soll.

Inzwischen steht Polen in dieser Auseinandersetzung aber nicht mehr allein. Ende März reichte der ukrainische Energiekonzern Naftogas beim Europäischen Gerichtshof eine ähnliche Klage gegen die EU-Kommission ein.

---

[16] http://www.dw.com/de/opal-pipeline-entzweit-polen-und-deutschland/a-38309045

Aufgrund der geschaffenen Tatsachen wird klar, dass sowohl Polen durch die Inbetriebnahme der Nord Stream 2 endgültig als europäischer Gasverteiler und die Ukraine ihre Bedeutung als Transitland verlieren. Diese schwerwiegenden wirtschaftlichen und politischen Konsequenzen führen dazu, dass Deutschland eine weit größere Bedeutung als EU-Gaszentrum gewinnt. Im Februar 2018 stand Nord Stream 2 vor weiteren Problemen, die sich als sehr hinderlich zeigten. Deutschland besaß zu diesem Zeitpunkt bereits die Erlaubnis für die Verlegung von Strängen in ihren territorialen Gewässern (Abb. 21.3) und auf dem Lande in der Nähe von Lubmin. Nach Meinung von Aleksej Miller war das eine Schlüsselentscheidung, weil sie für den Bau des wichtigsten Teils der Pipeline von 55 km

Abb. 21.3 Tägliche Anlieferung. Röhrentransporte in Mukran für die Unterwassererdgasleitung. (Quelle: Gazprom)

sowie eines Empfangsterminal in Greifswald grünes Licht bedeutet.[17]

Von den deutschen Behörden war nur noch eine Erlaubnis erforderlich, um den Bau in der deutschen Wirtschaftszone fortzuführen. Doch bis dahin fehlten für die Leitungsverlegung in ihren territorialen Gewässern auch noch die Zustimmungen der finnischen, schwedischen, dänischen und russischen Behörden. Inzwischen haben Deutschland Finnland, Schweden und Russland zugestimmt. Für Gazprom war es besonders wichtig, diese Zusagen so schnell wie nur möglich zu erhalten, da die Pipeline bis Ende 2019 fertig sein soll und der Transitvertrag mit der Ukraine ebenfalls 2019 abläuft. Bürokratische Komplikationen haben aber auch weiterhin Einfluss auf die anstehenden Arbeiten. Es geht in diesem Fall um Dänemark, wo die neue Pipeline über 139 Kilometer territoriale Gewässer und dicht bebaute Wirtschaftszonen durchqueren muss. Der Verlegungsantrag und die Gutachten über eine mögliche Umweltbeeinflussung liegen seit April 2017 bei den dänischen Behörden. Zusätzlich ist noch die Zustimmung des dänischen Außenministeriums erforderlich. Wie einige Experten meinen, wurde das Verfahren zur Zustimmung der Pipelineverlegung auf Druck der USA rückwirkend geändert. Das dänische Parlament hat jedoch bereits Ende 2017 nach der Antragseinreichung einen Gesetzentwurf über ein mögliches Verbot der Verlegung der Nord Stream 2 gebilligt. In diesem Fall soll die Pipeline unter Umgehung der dänischen Gewässer verlegt werden, was

---

[17] https://www.kp.ru/online/news/3007498/

eine zusätzliche Verlängerung von 10 bis 15 km ausmachen würde. Von Finnland und Schweden werden dagegen auch weiterhin ernstzunehmende Einwände erwartet. Seitens der schwedischen Behörden gibt es zwar eine zusätzliche Forderung über die notwendige Beseitigung schon vor Jahren verlegter Röhren. Davon und von den Zustimmungsfristen aus Dänemark wird letzten Endes der Beginn der Pipelineverlegung abhängen.

Ein weiteres Hindernis ist der Versuch, das Projekt von Nord Stream 2 in das sogenannte Dritte Energiepaket zu involvieren. Die EU-Kommission bereitete noch im November 2017 ein entsprechendes Projekt zur Änderungen der EU-Direktive vor. Eine Folge davon ist, dass Gazprom Nord Stream 2 nicht mehr allein besitzen darf. Hier ist möglicherweise ein Zusammenhang mit den Drohungen der USA und den neuen antirussischen Sanktionen zu sehen, die ohne Zweifel die europäischen Teilnehmer von Nord Stream 2 in Kauf nehmen müssen. Wie die FAZ am 27. Januar 2018 berichtete, bezeichnete der damalige amerikanische Außenminister Rex Tillerson die geplante zweite Gaspipeline von Russland nach Deutschland als Gefahr für die Energiesicherheit Europas. „Wie Polen sind die Vereinigten Staaten gegen die Nord-Stream-2-Pipeline", sagte Tillerson in Warschau während einer Pressekonferenz mit seinem polnischen Kollegen Jacek Czaputowicz. „Unser Widerstand wird von unseren gemeinsamen strategischen Interessen getragen."[18] Dementsprechend verabschiedete

---

[18] http://www.faz.net/aktuell/wirtschaft/amerikas-aussenminister-tillerson-lehnt-nord-stream-2-pipeline-ab-15420196.html

der US-Senat ein Gesetz, nach dem sich die USA „angesichts der schädlichen Auswirkungen des Projekts für die Energiesicherheit in der EU der Nord-Stream-2-Pipeline weiter entgegenstellen."[19]

In einem Interview mit dem *Spiegel* vom 1. Juli 2017 sagte die Energieexpertin der Stiftung Wissenschaft und Politik, Kirsten Westphal, dass

> russisches Erdgas und LNG-Flüssiggas im Moment um Marktanteile in Europa konkurrieren und Deutschland davon profitieren könnte. Wenn Deutschland verflüssigtes Erdgas aus den Vereinigten Staaten importierte, würde sich die gesamte Bilanz zugunsten der USA verschieben. Dahinter könnte also das Kalkül stehen, Deutschlands Exportüberschuss zu drosseln. Die USA nutzen ihre Erdgasexporte zunehmend als außen- und wirtschaftspolitisches Instrument.[20]

Die EU-Kommission hat das Energiepaket inzwischen überarbeitet und entsprechend der Korrektur des Dritten Energiepakets durch die EU-Kommission müsste die Möglichkeit bestehen, über diese Pipeline Gas fremder Produzenten fließen zu lassen. Dieses Projekt zu stoppen und seine Realisierung weiter aufzuschieben, ist erklärtes Ziel dieser Ergänzung. Dabei geht es um eine Lücke in den geltenden Bestimmungen, die von der EU-Kommission

---

[19] https://www.nzz.ch/international/drittwirkung-von-sanktionen-gegen-russland-amerikanischer-senat-erbost-berlin-ld.13012989

[20] http://www.spiegel.de/wirtschaft/unternehmen/nord-stream-wie-die-usa-gegen-die-ostseepipeline-kaempfen-a-1154901.html

entdeckt wurde. Die *Süddeutsche Zeitung* schreibt in ihrer Ausgabe von 30. November 2017, dass die EU-Kommission grundsätzlich erreichen will,

> dass Pipelines, die aus Drittstaaten in die EU führen, auch unter die Zuständigkeit der Europäischen Union fallen. Schließlich hätten sie wegen der meist hohen durchgeleiteten Gasmengen Einfluss sowohl auf den europäischen Gasmarkt als auch auf die Versorgungssicherheit der Mitgliedstaaten.

Der Änderung sollen sowohl das EU-Parlament als auch die Mitgliedstaaten im Eilverfahren zustimmen. Dafür würde nach Einschätzung der Kommission eine qualifizierte Mehrheit genügen. Deutschland sieht das anders und gab – wie schon bei Junckers Verhandlungsmandatsvorschlag – beim Juristischen Dienst des Europäischen Rates ein entsprechendes Gutachten in Auftrag.[21] Im Klartext bedeutet es, dass die Erweiterungen des zukünftigen Energiepakets im Europaparlament und im EU-Ministerrat natürlich eine gewisse Zeit erfordern und so den juristischen Rahmen des Projektes destabilisieren. Es gibt aber auch Zweifel, dass es unter diesen Umständen Gazprom gelingt, ohne eine Verlängerung des Vertrages zum Gastransit über die Ukraine auszukommen. Interessant ist dazu die Meinung des ehemaligen deutschen Umweltschutzministers Jürgen Trittin. In einem Interview mit der *Süddeutschen Zeitung* vom 14. März 2018 sagte er, dass er die europäische Politik für

---

[21] http://www.sueddeutsche.de/wirtschaft/nord-stream-kampf-um-die-roehre-1.3772599

erratisch halte und ein Gasnetz geschaffen worden sei, auf das viele zugreifen könnten – mit Pipelines und auch Flüssiggasterminals. Der Gasmarkt sei liquide, keiner könne erpresst werden.

> Die Kommission versucht nun, das privat finanzierte Vorhaben Nord Stream 2 auszubremsen, zum Teil mit Mitteln jenseits des Völkerrechts. Aber sie nimmt europäisches Geld in die Hand, um einen südlichen Pipeline-Korridor zu bauen, zur Freude von Herrn Alijew, dem Autokraten von Aserbaidschan. An entscheidender Stelle dieser Pipeline sitzt dann Herr Erdoğan und entscheidet, wie viel vom Gas zu uns durchgeleitet wird. Guter Autokrat, böser Autokrat – dieses Spiel ist unklug.[22]

Im November 2017, schreibt der *Spiegel*, wurden schließlich Pläne zur Änderung der EU-Gasrichtlinie vorgelegt, demnach für Nord Stream 2 erhebliche Auflagen gelten. So dürften auch hier Besitzer und Betreiber der Leitung nicht identisch sein.[23]

Die österreichische Tageszeitung *Die Presse* berichtete am 5. März 2018 über ein Gutachten und von der EU-Kommission vorgesehene Auflagen für die Ostseepipeline Nord Stream 2. Gerade diese Auflagen würden gegen die Uno-Seerechts-Konvention verstoßen, heißt es in dem

---

[22] http://www.sueddeutsche.de/wirtschaft/juergen-trittin-hier-geht-es-nicht-um-erpressbarkeit-1.3905566

[23] http://www.spiegel.de/wirtschaft/unternehmen/nord-stream-2-auflagen-fuer-ostsee-pipeline-laut-gutachten-unzulaessig-a-1196587.html

Papier des juristischen Dienstes des EU-Ministerrates. Die Presse bezog sich auf ein vom Nachrichtenportal im Internet veröffentlichtes Dokument, dessen Echtheit vom Ministerrat bestätigt wurde.[24] Wie die Zeitung schreibt, sei die neue Gasleitung von Russland nach Deutschland innerhalb der EU und die Kommission bemühe sich seit Monaten darum, mit Russland über den Betrieb zu verhandeln und sich gegen das Projekt zu positionieren. Das bestätigt auch euroactiv.com.[25] Danach ist der Juristische Dienst des Europäischen Rates allerdings der Ansicht, dass die EU nicht befugt ist, das Energiegesetz über Entflechtung, Transparenz, Zugang Dritter und regulierte Tarife auf Pipelines, die die ausschließliche Wirtschaftszone (AWZ) der Mitgliedstaaten durchqueren, für Nord Stream 2 anzuwenden. Nach Ansicht des Juristischen Dienstes des Rates verstößt die Anwendung der Gasrichtlinie auf die AWZ gegen die Artikel 56 und 58 des Seerechtsübereinkommens der Vereinten Nationen (UNCLOS). Der Dienst kritisiert außerdem, dass die Kommission „keinerlei Begründung für ihre potenzielle Regelungsbefugnis der Union über Offshore-Pipelines in der AWZ habe".[26] Der für den Energieinnenmarkt zuständige Direktor der EU-Kommission Klaus-Dieter Borchardt, behauptete wiederholt, dass Artikel 79

---

[24] https://www.politico.eu/wp-content/uploads/2018/03/NS2-Gas-Legal-Opinion-March-2018.pdf

[25] https://www.euractiv.de/section/energie-und-umwelt/news/eu-rat-beseitigt-rechtliche-huerden-fuer-nord-stream-2/

[26] https://www.euractiv.de/section/energie-und-umwelt/news/eu-rat-beseitigt-rechtliche-huerden-fuer-nord-stream-2/

Absatz 4 des UNCLOS der EU ausdrücklich gestatten würde, die Bestimmungen ihrer Gasrichtlinie auf die ausschließlichen Wirtschaftszonen auszudehnen.

Doch der Juristische Dienst des Rates sieht das anders und meint, dass sich Artikel 79 auch auf das Recht eines Küstenstaates bezieht, Bedingungen für Pipelines zu schaffen, die in sein Hoheitsgebiet oder Seegebiet führen. Laut Wortlaut der Vorschrift behält sich der Küstenstaat lediglich das Recht vor, über ressourcenbezogene Angelegenheiten hinaus zusätzliche Bedingungen für Pipelines innerhalb seines Bereiches oder seines See-Hoheitsgebiets zu schaffen (UNCLOS S. 10, Nr. 19). Es besteht also hier nur eine begrenzte Souveränität der Europäischen Union. Regeln, wie die Gasrichtlinie lassen sich deshalb dort nicht so einfach umsetzen.

In einem Punkt haben die Nord-Stream-2-Gegner Recht. Ihre Realisierung wird nach Meinung der Autoren die Benutzung der ukrainischen Erdgasroute infrage stellen. Die jüngsten Verhandlungen des deutsche Wirtschaftsminister Peter Altmaier in Kiew und in Moskau zeigen aber auch, dass dieses Problem lösbar ist. Selbst die russische Seite wäre auch auf Drängen von Bundeskanzlerin Angela Merkel bereit, die ukrainischen Transitmöglichgkeiten weiter zu nutzen. Sicher ist aber auch, dass die über diese Route in Zukunft gelieferten Gasmengen weitere Streitpunkte für Russland, die Ukraine und Deutschland bzw. die EU ergeben könnten.[27]

---

[27] http://www.ng.ru/economics/2018-05-16/100_altmeier160518.html

Ohne die Anbindung an die Leitung EUGAL durch Gazprom wäre die Inbetriebnahme von Nord Stream 2 sinnlos, weil dann das russische Gas nur bis Greifswald fließen könnte. Die Länge dieser Leitung wird 485 km betragen, die jährliche Kapazität mit zwei Strängen bei 51 Mrd. Kubikmeter liegen und nach Süden bis zur tschechischen Grenze im Deutschneudorf in Sachsen gehen. Die Leitung EUGAL entspricht den Regeln des Dritten Energiepaketes und auch den Forderungen, andere Gaslieferanten zuzulassen und ist in Deutschland mit drei Pipelines verbunden. Die Gasleitung NEL in Greifswald führt zum größten Gasbehälter Westeuropas in Reden und wird neben der Berlinversorgung an die Gaspipeline JAGAL anschließen, durch die Gas aus der Pipeline Yamal-Westen nach Westeuropa gepumpt wird. Der Bau von EUGAL und die Gaslieferungen werden Tschechien zu einem Transitland mit dem Endziel Baumgarten im Osten Österreichs machen. Bisher stammte das Gas in Baumgarten aus der ukrainischen Transitpipeline, doch nach den Plänen soll es teilweise durch die Lieferungen über die EUGAL-Pipeline ersetzt werden und kann dann weiter nach Slowenien und Italien fließen. Die Deutsche Welle bestätigte am 24. Januar 2018, dass die zwei noch nicht gebauten Stränge von EUGAL für die langfristigen Lieferungen bis zur tschechischen Grenze reserviert sind. Tschechien benötigt 2017 selbst nur 5,8 Mrd. Kubikmeter Gas.

Noch im Jahre 2017 wurden über die Ukraineleitung 93,5 Mrd. Kubikmeter geliefert. Es ist aber auch noch nicht ganz ausgeschlossen, dass der Bau der Nord Stream 2 wegen verschiedener Probleme gestoppt und EUGAL bereits in Betrieb genommen wird. Das bedeutet aber auch, dass zum Zeitpunkt der EUGAL-Inbetriebnahme das Gas über die Nord Stream 2 nicht zur Verfügung steht. Gazprom müsste dann einen Liefervertrag mit EUGAL abschließen. Die Gefahr besteht darin, dass der Gaslieferant entsprechend der bisherigen Verträge auch für die nicht genutzten Rohrleitungen zahlen müsste. In einem Grundsatzgespräch des Chefredakteurs der Beilage NG-Energy der Moskauer Tageszeitung *Neswissimaya Gaseta* und Oleg Nikiforov, Fachautor dieses Buches, mit dem Pressedienst der Gazprom-Tochter Gascade Anfang 2018 wurde bestätigt, dass der erste EUGAL-Strang bis Ende 2019 und ein Jahr später der zweite in Betrieb gehen wird. Mit letzter Bestimmtheit konnte jedoch nicht gesagt werden, ob die ukrainischen Leitungen nach 2019 weiterhin von Gazprom benutzt werden oder nicht.

Bei den notwendigen Grundsatzklärungen zur Nord Stream 2 geht es auch um wichtige ökologische Aspekte. Der Naturschutzbund Deutschland (NABU) bestritt in einer Anfrage an das Gericht des Landes Mecklenburg-Vorpommern die Erlaubnis zum Bau und der Inbetriebnahme der Pipeline in Deutschland aufgrund des Fehlens eines Großteils der Daten über mögliche ökologischen Folgen und wollte mit Unterstützung des WWF den Beginn der für Mai 2018 geplanten Arbeiten verhindern.[28] Auf seiner Webseite[29] bewertet der Naturschutzbund das Projekt nach wie vor kritisch, weil die Trassenführung durch vier Meeresnaturschutzgebiete zu irreparablen Schäden der

---

[28] https://www.nabu.de/natur-und-landschaft/meere/lebensraum-meer/gefahren/23740.html

[29] https://rueconomics.ru/300771-severnyi-potok-1-smoet-protesty-nemeckih-ekologov-protiv-severnogo-potoka-2

empfindlichen Meeresumwelt der Ostsee führen könnte. Nachdem das Bergamt Stralsund Anfang 2018 per Planfeststellungsbeschluss den Bau der Pipeline in den Küstengewässern genehmigte, klagte der NABU mit Hilfe eigener Fachgutachten am 2. März 2018 gegen die Baugenehmigung beim zuständigen Oberverwaltungsgericht Greifswald. Neben dem Vorwurf wegen einer Reihe von Verfahrensfehlern wurden die Einsprüche vor allem mit erheblichen Umweltauswirkungen in mehreren FFH- und Vogelschutzgebieten begründet.[30]

Die für den Bau der Nord Stream 2 AG zuständige Firma sieht laut der Deutschen Welle dagegen in diesem Einspruch kein Hindernis für die Realisierung des Projekts, da sie bereits seit Ende Januar im Besitz der Bauerlaubnis der Bergbauverwaltung der Stadt Stralsund ist. Die Proteste beschränken sich aber nicht nur auf Deutschland. Auch die russischen Umweltschützer kämpfen gegen den Pipelinebau von Nord Stream 2 auf dem Territorium der Kurgalsker Naturschutzzone im Leningrader Gebiet und sammelten über Greenpeace 60.000 Unterschriften, die sie an den Präsidenten Putin schickten. Sie bestreiten die Rechtmäßigkeit des Umweltgutachtens zum Pipelineprojekt für den russischen Streckenabschnitt, weil ihrer Meinung nach kritische Kommentare, die Einfluss auf die Entscheidung der Behörden über die Vereinbarung hätten nehmen können, nachträglich entfernt wurden. Deshalb will z. B auch Umweltaktivist Alexander Sutjagin seine Unterschrift unter dem Protokoll der öffentlichen Anhörungen zurückziehen. Die

---

[30] https://www.nabu.de/natur-und-landschaft/meere/lebensraum-meer/gefahren/23740.html

Behörden des Leningrader Gebiets und Vertreter der Pipelinegesellschaft Nord Stream 2 AG erklärten seinen Widerruf der Unterschrift jedoch für nicht rechtmäßig. Daraufhin erstattete Sutjagin Anzeige bei der Staatsanwaltschaft und bat die föderale Behörde zur Kontrolle von Naturressourcen (Rosprirodnadsor) um entsprechende Unterstützung.[31]

Der russische Experte Wjatscheslaw Kulagin von der Russischen Akademie der Wissenschaften bestreitet dagegen die Argumente der Naturschützer und spricht von „Haltlosigkeit der Öko-Proteste" weil seiner Meinung nach schon beim Bau der Nord Stream 1 der Grund der Ostsee sorgfältig analysiert wurde.[32] Die damaligen Prüfverfahren hätten gezeigt, dass die Nord Stream 1 aus umweltpolitischer Sicht völlig unbedenklich sei: Es wäre daher abwegig anzunehmen, dass Nord Stream 2 Probleme für die Umwelt verursachen könnte. Denn diese Gasleitung soll auf der gleichen Route verlegt werden wie Nord Stream 1." Auch die für den Bau zuständige Nord Stream 2 AG bestreitet die Vorwürfe der Umweltschutzverbände und hält die Eingriffe in die Umwelt auch zeitlich für begrenzt. Eine Pipeline auf dem Meeresgrund zu verlegen sei – ökonomisch und ökologisch betrachtet – der effektivste Weg, Erdgas zum Verbraucher zu bringen, lautet die Auffassung des Unternehmens auf ihrem Portal. Die Umweltschützer konnten bekanntlich den Bau dieser Ostseepipeline nicht behindern.[33]

---

[31] https://ostexperte.de/russische-umweltschuetzer-gegen-gutachten/

[32] https://rueconomics.ru/300771-severnyi-potok-1-smoet-protesty-nemeckih-ekologov-protiv-severnogo-potoka-2

[33] https://www.nord-stream2.com/de/projekt/umweltuntersuchungen/

Literatur

Sergej Prawosudow (2017) Erdöl und Gas. Geld und Macht, Verlag KMK, Moskau

Spiegel vom 1. Juli 2017

Süddeutsche Zeitung vom 30. November 2017

UNCLOS Seerechtsübereinkommen der Vereinten Nationen

22

Liquifield Natural Gas für Europa

Der Kampf um den Verbraucher wird das Bild der Gasmärkte in der Welt und in Europa für die nächsten zwanzig oder vielleicht vierzig Jahre bestimmen. Aber auch dazu gibt es bei den Experten die unterschiedlichsten Meinungen. Beim Versuch, den Bedarf für die Zukunft einigermaßen exakt einzuschätzen, wird deutlich, dass Europa noch sehr viele Jahre Gas brauchen wird. Im Februar 2018 teilt das russische Energieforschungszentrum National Energy Security Fundin in einer energetischen Expertise mit, dass nach seinen Untersuchungen die Nachfrage nach Gas in Europa schon das dritte Jahr nacheinander (2015–2017) bei gleichzeitiger Senkung der eigenen Produktion wächst und der Importbedarf sich in dieser Zeit um fast 90 Mrd. Kubikmeter im Jahresvergleich erhöht hat. Das heißt, dass die Europäische Union in nur drei Jahren

© Springer Fachmedien Wiesbaden GmbH,
ein Teil von Springer Nature 2018
O. Nikiforov, G.-E. Hackemesser, *Die Schlacht um Europas Gasmarkt*,
https://doi.org/10.1007/978-3-658-22155-3_22

zusätzlich so viel Gas brauchte, wie die noch zu bauenden Pipelines Nord Stream 2, der zweite Strang und die TAP insgesamt liefern könnten. Deshalb ist angesichts dieser Größenordnungen zu erwarten, dass das russische Staatsunternehmen Gazprom annähernd 50 % dieser Steigerungen übernehmen wird. Das sagen jedenfalls die Experten der Moskauer Onlineausgabe *Energy Expert Centr*.[1] Die weitere Zunahme der Marktdynamik und dessen Regelung bestimmen das allgemeine Wachstum des Energiebedarfs. Ohne künstliche oder politisch bedingte Beschränkungen könnte das russische Gas den Kampf um die Verbraucher aufgrund der Kürzung der eigenen Produktion und dem Verzicht auf Kohlenutzung gewinnen. Auch deshalb ist die Auffassung des US-Präsidenten Trump gegenüber der deutschen Bundeskanzlerin auf Nord Stream 2 überflüssig und nicht voranbringend.[2] Der Stellvertreter der National Energy Security Fund Aleksej Grivatsch bezeichnet Trumps Forderungen sogar als Erpressung.[3] Doch in diesem Zusammenhang gewinnen auch anderen LNG-Produzenten an Bedeutung – nicht nur aus Katar oder den USA – auch weitere russiche Unternehmen werden mit Gazprom früher oder später im Wettbewerb stehen. Dafür spricht die Initiative im russischen Sicherheitsrat – einem Gremium der wichtigsten Politiker –, der noch 2017, ungeachtet des Widerstandes von Gazprom, der Regierung die Liberalisierung des russischen Gasexports vorgeschlagen hat.[4]

---

[1] http://www.energystate.ru/news/11255.html

[2] http://www.energy-experts.ru/news23800.html

[3] http://www.energy-experts.ru/cooents23802.html

[4] http://neftegas.info/news/pravitelstvo-rf-rassmotrit-vozmozh/?sphrase_id=22501

Die Vorteile von LNG sind nicht zu unterschätzen, denn es ist als natürliche Alternative zum Pipelinegas zu betrachten, das außerdem über Gasspeicher zur Verfügung gestellt wird. Heute gibt es in Europa ohne die Ukraine bereits für 108 Mrd. Kubikmeter derartige Speicher und es sind weitere für ein Fassungsvermögen von 30 Mrd. Kubikmeter vorgesehen. Im Vergleich spricht das eigentlich eher für eine überflüssige Infrastruktur der Gasversorgung. Doch vom europäischen Standpunkt für höchste Priorität der Sicherheit in der Energieversorgung, bietet diese Entwicklung in erster Linie eine wichtige Erweiterung der Lieferkette. Gerade mit diesen Überlegungen werden in Europa weitere Alternativen zu russischen Pipelinegaslieferungen einschließlich der Möglichkeiten für LNG analysiert. Als eine der Schlussfolgerungen werden gegenwärtig die Möglichkeiten für eine Wiedervergasung von LNG erweitert, obwohl bereits über geeignete Häfen mit ca. 200 Mrd. Kubikmeter Fassungsvolumen Europa verfügt, die allerdings sind zur Zeit durchschnittlich nur mit weniger als 50 Mrd. Kubikmeter ausgelastet.[5] Nach den Worten von Wladimir Drebentsow/BP Russland, sind noch weitere Anlagen für ca. 150 bis 200 Mrd. Kubikmeter in der Planung.[6] Die dann vorhandenen Möglichkeiten für 400 Mrd. Kubikmeter könnten im Prinzip den gesamten europäischen Bedarf an Gas abdecken.[7]

Laut den Prognosen wird der LNG-Anteil im Welthandel weiter ansteigen. Die größten Vorhaben für die

---

[5] https://www.fief.ru/img/files/OGJR_6_2017_Orlova.pdf

[6] http://neftianka.ru/gaz-v-evrope-konkurenciya-narastaet/

[7] http://www.energy-experts.ru/news11630.html

Gasverflüssigung sind nach Erkenntnissen des russischen Experten Vjatscheslaw Kulagin aus dem Moskauer Institut ENES RAN bis zum Jahr 2040 in den USA, Australien, Iran, Mosambik, Tansania, Nigeria und Kanada zu erwarten. Aber Russland wird noch mehr Gas als bisher in flüssiger Form exportieren. Insgesamt soll der LNG-Handel bis 2040 auf 650 bis 880 Mrd. Kubikmeter anwachsen.[8]

Neben dem allgemein steigenden Bedarf sind dabei auch die riesigen Distanzen zwischen den Verbrauchszentren und der Produktion zu bedenken. Nach Kulagin haben 16 % der geplanten LNG-Projekte so gut wie keine Absatzrisiken, 61 % hingegen werden sogar bei scheinbar optimalen Bedingungen wenig Abnehmer finden. Bis zum Jahr 2020 würde es bei niedrigen Gaspreisen und fallender Nachfrage dennoch zu einem weiteren Zuwachs an Kapazitäten kommen, der letzten Endes zu Importbeschränkungen durch die LNG-Hauptabnehmer führen dürfte.

Auf dem 3. Welt-LNG-Kongress Mitte März 2017 in Moskau präsentiert BP eine Studie, nach der Katar der wichtigste Lieferant auf dem Weltmarkt bleibt, während in den nächsten 5 Jahren 40 % des LNG-Zuwachses hauptsächlich auf die USA und Australien entfallen.[9] Die Asien-Pacific-Region soll sich dabei zum LNG-Hauptverbrauchsmarkt entwickeln. Zurzeit werden in erster Linie LNG-Lieferanten für Europa aus dem Nahen Osten als Potenzial in Betracht gezogen. In der Studie des Deutschen Instituts für Wirtschaftsforschung (DIW) *Strukturverschiebung in der*

---

[8] https://www.eriras.ru/files/prezentatsiya_13_04_17.pdf

[9] https://www.bp.com/content/dam/bp/pdf/energy-economics/energy-outlook-2017/bp-energy-outlook-2017.pdf

globalen Erdgaswirtschaft – Nachfrageboom in Asien, Ange-botsschock in den USA (Franziska Holz, Philipp M.Richter, Christian von Hirschhausen)[10] wird mit Recht behauptet, dass der Nahe Osten aufgrund seiner geografischen Lage und den großen Flüssiggasexportkapazitäten seine Rolle als sogenannter ausgleichender Anbieter (Swing Supplier) im Weltmarkt behält. So beliefert die Region sowohl die Importeure im atlantischen Markt, z. B. Europa, als auch im asiatischen Raum. Die Asien-Pazifik-Region bezieht weiterhin vor allem Flüssiggas fast ausschließlich aus dem Nahen Osten (Katar). Zirka 25 % der europäischen LNG-Lieferungen kommen heute ebenfalls von dort. Aber auch afrikanische Förderländer, z. B. wie Algerien oder Nigeria, werden im globalen Handel an Bedeutung gewinnen.

Es wird erwartet, dass Katar in den nächsten Jahren ca. 80 % seines LNG aufgrund langfristiger Vereinbarungen liefern wird. Bedacht muss dabei werden, dass es in den euro-päischen Verträgen entsprechende Klauseln für die Möglich-keit des Anbieterwechsels aufgrund des geforderten Preises gibt. Bisher geht Katar stets von den höchsten Forderungen aus und versucht, den LNG-Preis an den allgemeinen Erd-ölpreis zu binden, der auf dem gesamten Weltmarkt bisher immerhin zu 74 % gilt. Die heutigen LNG-Abnehmer ver-halten sich aber auch abwartend und möchten die Preise, z. B. mit einer Teilbindung an den US-Henry-Hub-Preis (Erdgaspreis für den nordamerikanischen Markt), anders verrechnen. Deshalb sind die Aussichten für eine Vergrö-ßerung der LNG-Lieferungen aus Katar nach Europa im

---

[10] https://www.diw.de/documents/publikationen/73/diw_01.c.425409.de/13-31-1. pdf

Moment schwer zu prognostizieren. Nach Berechnungen der russischen Gasexperten Eldar Kasaew wird Katar in Zukunft etwa 5 % des gesamten europäischen Bedarfs an Gas abdecken.[11] Für andere Fachleute scheint das allerdings doch zu wenig und sie gehen eher von mehr als 5 % aus. Voraussetzung dafür wären weitere Abnehmerländer (wie in erster Linie Deutschland und Polen), der Bau zusätzlicher Terminals und eine variable Preispolitik. Die zusätzlichen 20 Mrd. Kubikmeter Gas, die Katar künftig gewinnen will, erfordern auch ein stabiles Abnehmernetz.[12] Zu guter Letzt wird Angebot und Nachfrage alles entscheiden.

---

[11] http://www.pircenter.org/media/content/files/11/13730285960.pdf

[12] http://www.energystate.ru/news/9632.html

23

Die US – Herausforderung

Vor allem die USA werden auf dem LNG-Märkten in
Zukunft im harten Wettbewerb mit Katar stehen. Das
hängt mit der Schiefergasrevolution in den USA zusammen. Im Jahre 2016 lieferten die USA gerade einmal
400.000 Tonnen (ca. 732.000 Kubikmeter) nach Europa.
Bereits am 24. August 2016 hatte Ex US-Vizepräsident
„Joe" Biden in Lettland auf die Möglichkeit hingewiesen,
dass jedes europäische Land US-LNG kaufen kann.[1] Die
Realitäten sehen jedoch anders aus. Wirtschaftlich gesehen,
wird der US-LNG Preis auf den Außenmärkten generell durch die Kosten der Gasverflüssigung bestimmt, die
u. a. aus Bauausgaben für neue Verflüssigungswerke sowie

---

[1] https://obamawhitehouse.archives.gov/the-press-office/2016/08/24/remarks-vice-
president-joe-biden-national-library-latvia

© Springer Fachmedien Wiesbaden GmbH,
ein Teil von Springer Nature 2018
O. Nikiforov, G.-E. Hackemesser, *Die Schlacht um Europas Gasmarkt*,
https://doi.org/10.1007/978-3-658-22155-3_23

Shipping-Terminals bestehen. Nach Meinung der russischen Wissenschaftlerin und Direktorin des Energiezentrum Business-Schule Skolkowo, Tatyana Mitrowa, sind die Ausgaben für neue Verflüssigungsanlagen im Moment die niedrigsten in der Welt, aber es sei nicht auszuschließen, dass die Hauptkosten der Gasmischung für den Export steigen werden.[2]

Dabei geht es in erster Linie um ihre Zusammensetzung. Der Preisunterschied bei den Gewinnungsselbstkosten zwischen trockenem, hauptsächlich aus Methan bestehendem russischen Pipelinegas und dem fetten US-Schichtengas mit nur geringen Methan- und überwiegenden Äthananteil wird auf 100 USD pro 1000 Kubikmeter geschätzt. Die Preisunterschiede bei der Verflüssigung zwischen alten und modernen Anlagen betragen 40 USD für 1000 Kubikmeter. Das von US-Produzenten geförderte Schiefergas muss außerdem noch bei der Verflüssigung gereinigt und mit Methan gemischt werden. In Russland dagegen besteht Pipelinegas zu 80 bis 90 % bereits aus Methan und braucht deshalb praktisch keine Reinigung. Die Selbstkosten sind deswegen niedriger als bei Schiefergas, das zur Verflüssigung vorbereitet werden muss. Diese Umstände sorgen natürlich neben den Gewinnungskosten für zusätzliche Preisrisiken, die in erster Linie von den Technologien abhängen und mit zunehmendem technischem Fortschritt weiter sinken werden.

In der Forschungsarbeit *US-LNG auf den Weltmärkten: Erfolg oder Fiasko* der russischen Wissenschaftlerin Maria Belowa (Vygon Consulting) steht, dass die

---

[2] http://www.ng.ru/ng_energiya/2016-05-17/12_gas.html

USA 2016 insgesamt 3,8 Mio. Tonnen LNG exportiert hätten.[3] Etwa 1 Mio. Tonnen waren im ersten Halbjahr für Europa bestimmt, während der Hauptanteil in den Nahen Osten (Asien 14 %) und nach Afrika (64 %) geliefert wurde. Von den 2,8 Mio. Tonnen in der zweiten Jahreshälfte 2016 gingen 11 % nach Europa. Der Nahe Osten und Afrika erhielten im gleichen Zeitraumer davon 40 und Asien 36 % und Lateinamerika 13 %. Die nach Auffassung des Chefvolkswirts BP Russland, Vladimir Drebentsov, in Europa zu einem Viertel ausgelasteten Wiedervergasungskapazitäten stehen mit Sicherheit auch im Zusammenhang mit den geforderten Preisen.

Maria Belowa nennt vor allem bei der Produktion und beim Absatz von LNG in den USA einige beachtenswerte Besonderheiten. Nach dem bisherigen klassischen und einheitlichen Verfahren verflüssigt der Produzent extrahiertes Gas und liefert es über Tankschiffe direkt als LNG an die Verbraucher. Zu den US-Besonderheiten gehört beispielsweise die getrennte Produktion. Der Produzent hat die Wahl und könnte das extrahierte Schiefergas auf dem inneren US/Markt verkaufen oder es an die Verflüssigungswerke liefern. In diesen Betrieben, die in der Regel aber anderen Firmen gehören oder von den Produzenten gepachtet sind, wird das Gas vorbereitet, verflüssigt und an die Lieferanten verkauft, die es dann als LNG an die Endverbraucher liefern. Wichtige Schlüsselfaktoren, die den US-LNG-Preis in Europa bestimmen, sind dabei der

---

[3] https://vygon.consulting/upload/iblock/588/vygon_consulting_us_lng_2017.pdf

Spot-Preis-Henry-Hub, die Kosten der Verflüssigung und die Transportkosten.

US-Käufer oder Lieferanten sind zu 60 % sogenannte Brokers oder Portfoliokäufer (Aggregators), wie z. B. Royal Dutch Shell. Sie speichern das von den Verflüssigungswerken gekaufte LNG, um es dann zum günstigsten Preis in die verschiedenen Regionen der Welt zu verkaufen. Mögliche Risiken für die Verflüssigung tragen dann die Käufer oder die Lieferanten. Die Produktions- sowie Verflüssigungsfirmen erhalten immer ihren Gewinn. Es kann aber auch eintreten, dass Lieferanten ihr LNG bei diesen Firmen zu teuer erwerben müssen und sie für ihren Weiterverkauf keine Abnehmer finden. In den USA müssen also drei Firmen Gewinn erwirtschaften, in der anderen Welt sind nur zwei Unternehmen daran beteiligt. Im Jahre 2016 wurden 60 % des US-LNG durch Wiederverkäufer direkt von den Verflüssigungswerken gekauft. Fast zwei Drittel davon gingen nach Lateinamerika, weil dort die Preise am attraktivsten waren und ein Drittel wurde nach Asien geliefert. Die entsprechenden Kontrakte dazu werden überwiegend auf langfristiger Basis abgewickelt. Der Verkauf von US-LNG nach Europa war dagegen 2016 ein Verlustgeschäft, wie Maria Belowa nachweist. Hier galten für Lieferanten überwiegend FOB(Free On Board)-Preise. Die Daten der Expertin zeigen, dass 2016 die durchschnittlichen LNG-Preise in Belgien bei 5,6 USD, in China bei 8,6 USD und in Brasilien bei 8,0 USD für jeweils 1 BTU (british thermal unit) lagen. Dabei betrugen die Unterschiede im Exportpreis, außer den Transportkosten und Zöllen (netbackprice), entsprechend 2,3,5 und 4,9 USD. Es stellt sich die Frage, wie sich die Preise weiter entwickeln werden. Sollten sie künftig für Lieferanten attraktiver werden, bekäme Europa möglicherweise in den nächsten Jahren neue Einkaufschancen für amerikanisches LNG.

In den USA sollen bis 2020 sieben weitere Anlagen für die Gasverflüssigung gebaut und in Betrieb genommen werden. Auch deshalb bemüht sich US-Präsident Donald Trump, den Verkauf von US-LNG nach Europa weiter anzukurbeln. So schrieben die *Deutschen Wirtschaftsnachrichten* am 30 Juni 2017, dass der US-Präsident eine Wende in der heimischen Energiepolitik hin zu mehr Exporten und Atomkraft angekündigt hat. Sein Land stehe vor einer „Goldenen Ära", in der die USA durch eine dominierende Rolle am Energiemarkt ihre weltweite Vormachtstellung untermauern würden. Trump sagte, dass die die ölexportierenden Staaten Öl und Gas als „Waffen" eingesetzt hätten. Die USA verfügten jedoch über unbegrenzte Öl- und Gasreserven, die mittels neuer Technologie gefördert werden könnten. Er kündigte an, dass die US-Regierung Regulierungen der Umweltbehörde sowie zum Wasserschutz aufheben werde. Exporte von Flüssiggas nach Asien sollten ebenso ausgebaut werden wie Ausfuhren von Kohle in die Ukraine. Beschränkungen für Exporte sowie für die Finanzierung von Kohleprojekten im Ausland müssten gelockert werden. Seine Regierung suche zudem nach Wegen, um der heimischen Nuklearindustrie zu einem Comeback zu verhelfen. Es gelte, die Atomenergie im Vergleich zu Erdgas und erneuerbaren Energien wettbewerbsfähiger zu machen. Auch müsse man sich um die Problematik zur Entsorgung von Atommüll kümmern. In einem Statement teilte das Weiße Haus dazu mit, dass sich die Regierung von der Abhängigkeit der Golf-Staaten befreien wolle. Die USA sollten nicht länger vom „OPEC-Kartell" abhängig sein. Man werde aber den Verbündeten am Golf helfen, „eine positive Beziehung in der Energiepolitik zu entwickeln" und gegen den Terror zu kämpfen.[4]

Der amerikanische Staatspräsident Trump kündigte an, dass die USA anstrebten, sogar Weltmarktführer bei Erdöl und Gas zu werden, weil der europäische Markt von besonderer Bedeutung für die US-Energiewirtschaft ist. Dabei geht es in erster Linie um die Eroberung der führenden Marktpositionen. Trump begann, auch in Osteuropa für amerikanische Energieexporte zu werben.[5] Sein Wirtschaftsberater Gary Cohn sagte Reuters gegenüber, dass er Pläne zum Export von Flüssigerdgas in Warschau rund einem Dutzend Staats- und Regierungschefs aus Osteuropa vorstellen wolle. Auch Handelsminister Wilbur Ross hatte jüngst erklärt, dass die USA gern auf dem europäischen Energiemarkt Fuß fassen wollten, um so ihr Defizit im transatlantischen Handel abzubauen. Im Jahr 2017 brachte eine Gemeinschaft aus republikanischen und demokratischen US-Senatoren einen Gesetzesentwurf für den Verkauf amerikanischen Flüssiggases und die Verdrängung russischer Erdgaslieferungen vom europäischen Markt ein.[6] Erstmals erklärten Vertreter beider Parteien, dass der Export von Erdöl und Erdgas ein Teil der amerikanischen Außenpolitik ist. Allen solchen Überlegungen der

---

[4] https://deutsche-wirtschafts-nachrichten.de/2017/06/30/trump-usa-wollen-dominanz-im-globalen-energiemarkt/

[5] https://www.zeit.de/wirtschaft/2018-02/usa-oel-bohrungen-donald-trump-energiepolitik

[6] https://www.tagesschau.de/ausland/usa-sanktionen-russland-105.html

US-Regierungsseite stehen natürlich die anderen Markt-bedingungen entgegen. Wissenschaftler Wjatscheslaw Kulagin wies in einem Gespräch mit einem der Autoren dieses Buches darauf hin, dass die US-LNG-Verkäufer dort hingehen werden, wo die höchsten Preise gelten. Der Groß-teil der US-LNG-Verkäufe sind Portfoliokontrakte ohne konkreten Empfänger. Deswegen könnte US-LNG überall im asiatisch-pazifischen Raum (APR), in Südamerika oder in Europa angeboten werden. Es ist aber auch zu erwarten, dass in Zukunft der Markt des asiatisch-pazifischen Raumes durch australische LNG-Lieferungen gefüllt wird. Dann wird man seitens USA neue Nischen erschließen müssen. Russland wird weiter mit niedrigen Gaspreisen um den europäischen Markt kämpfen. Tatjana Mitrova aus dem Moskauer Energiezentrum der Businessschule Skolkowo ist überzeugt davon, dass die Konkurrenz zwischen Gazprom und dem US-LNG schon 2016 begann, als der erste LNG-Tanker in Europa ankam. Wegen des wachsenden Angebots wird sich diese Konkurrenz weiter verschärfen. Nach den Gazprom-Analysen betragen europäische Kapazitäten für die Wiedervergasung in Europa ca. 220 Mrd. Kubikmeter im Jahr. Davon wurden 2016 nur 50 bis 55 Mrd. Kubik-meter benötigt. Also könnte man auch auf weitere russische Lieferungen verzichten.

Um die Prognose für das Tempo der Entwicklung der Kapazitäten der zehn großen LNG-Weltproduzenten zu machen, hat Maria Belowa die Jahre 2015 und 2020 vergli-chen und zeigte die künftig veränderten ersten fünf Plätze der LNG-Produzenten. Im Jahr 2015 betrug das Volumen der Produktion in Katar 78 Mio. in Australien 29 Mio., in Malaysia 25 Mio., in Nigeria 21Mio. und in Indonesien

16 Mio. Tonnen. Für 2020 errechnete Maria Belowa die Produzenten-Reihenfolge Katar mit 78Mio. USA 78 Mio., Australien 69Mio., Malaysia 31 Mio. und Russland mit 28 Mio. Tonnen von LNG.

Wie könnten mögliche USA-LNG-Lieferungen nach Europa 2020 und danach aussehen? Nach Maria Belowa wurden von den zu erwartenden 78 Mio. Tonnen aus den USA mehr als Hälfte bereits gechartert. Davon sind 29 Mio. Tonnen – 3 Mio. Tonnen speziell für Europa – sogenannte Portfoliokäufe, die nicht mit dem Lieferzielland gebunden sind. Laut *ABC.es* vom 15. April 2014, sollen die spanischen Gaskäufer Fenosa und Endessa bereits Verträge mit den US-Verflüssigungswerken Corpus Christi und Sabine Pass für LNG-Lieferungen in der Periode zwischen 2016 und 2018 abgeschlossen haben. Es gibt weiterhin Angaben darüber, dass auch die erdölverarbeitende Firma INEOS mit dem Sitz in Norwegen bereits 2016 Verträge mit den US-Produzenten Range Resourcen und ConsolEnergy für 15 Jahre vereinbart hat. Das Schiefergas soll vom Vorkommen Marcellus Shale im Westen Pennsylvaniens stammen. Im Jahr 2020 plant die Firma den Kauf von bis zu acht Lieferungen pro Monat aus den USA, die für zwei erdölchemische Werke in Norwegen und in Schottland als Ersatz zum erschöpften Nordseeerdgas bestimmt sind. Das LNG aus US ist billiger als das in Norwegen geförderte Gas.[7, 8]

---

[7] https://www.gas-magazin.de/gasmarkt/norwegische-firma-kauft-lng-aus-den-usa_203968.html

[8] https://www.ineos.com/news/ineos-group/ineos-intrepid-leaves-usa-carrying-first-shale-gas-shipment-to-europe/

Fest steht, dass die Portfoliokäufer LNG nach den für sie günstigsten Weltmarktpreisen verfrachten. Dafür wird letztendlich der innere amerikanische Preis des Natural-Gas-Unternehmens (Henry Hub) entscheidend sein. Dieses sich unweit der Stadt Erath im Staate Louisiana befindende Gasverteilerzentrum spielt auch hier die führende Rolle bei der Preisbildung und jeder US-Gasproduzent verkauft sein Erd- oder Schiefergas innerhalb der USA danach.

In ihrer Studie bemerkt Maria Belowa, dass auch die Prognosen der US Energy Information Administration vom steigenden Henry-Hub-Preis für US-LNG ausgehen, für den drei unterschiedliche Szenarien für seine Entwicklung gelten. In der Studie wird dazu von 2,5 bis auf mehr als 5 USD bei schlechter Zugänglichkeit zu den Ressourcen, von 2,5 bis auf über 3 USD für besonders günstige Bedingungen und von 2,5 bis auf über 4 USD für je 1 MBTU in der Basisvariante bei den Preisen ausgegangen. Genau diese Entwicklung wäre für den möglichen Absatz von US-LNG künftig entscheidend, weil Europa im Vergleich zu Asien und Lateinamerika bisher nicht attraktiv genug war. Das ist eine eigentlich überraschende Schlussfolgerung, weil bisher geglaubt wurde, dass der Preis von 5 USD für 1 MBTU für US-Lieferanten in Europa ausreichen würde. Die Ergebnisse stehen aber auch im Widerspruch zu bisherigen Vergleichen, die von der scharfen Konkurrenz zwischen LNG-Lieferungen aus den USA und russischem Pipelinegas sprechen. Noch vor einem Jahr gingen selbst die Experten der Businessschule Skolkowo von größeren US-LNG-Lieferungen nach Europa und ihren großen Einfluss auf die Gaspreisbildung aus.

Sicher gibt es verschiedene Auffassungen und Methoden, um US-LNG in Europa zu verkaufen. Eine mögliche Variante ist mit australischen Lieferanten verbunden, die sich bisher auf die Asia-Pacific-Region konzentrierten. Über solche sogenannte Swapgeschäfte könnte LNG nach Europa umgelenkt werden. Das heißt, dass die für Europa bestimmten australischen Gasmengen nicht in Europa sondern in Asien landen. Stattdessen würden zusätzliche US-LNG-Lieferungen Europa erreichen, weil Schiffsrouten von Australien nach Europa aus den USA kürzer und lukrativer sind. Diese Variante wäre für Händler und Importeure von Vorteil, die über die entsprechenden Gasüberbestände frei verfügen können. Die Methode wäre auch möglich, wenn Käufer auf Lieferungen verzichten oder wenn LNG-Anteile für den Spot-Markt vorgesehen sind, auf dem Angebot und Nachfrage direkt aufeinander treffen. Vom heutigen Standpunkt aus sind das aber eher theoretische Überlegungen.

In ihren Hauptschlussfolgerungen gehen die Analysten der Vygon-Consulting in Bezug auf die Konkurrenz von russischem Röhrengas und US-LNG von verschiedenen, aber entscheidenden, Kriterien aus. So handelten die amerikanischen LNG-Händler die Hälfte des bis heute verkauften US-LNG nach Verträgen aus den Jahren 2011 und 2012 in Europa nach Henry-Hub-Preisen für 8 USD und nach Japan für 12 USD für 1 BTU (British thermal unit). Erst im Winter 2016 wurden die ursprünglich festgelegten Preise auf beiden Märkten auf 2 USD und 4 USD gekürzt. Nach 2016 lieferten die USA nach Europa 440.000 Tonnen gegenüber 23 Mrd. Tonnen aus dem

Emirat Katar.[9] Das entspricht nur 1 % der in diesem Jahr nach Europa gelieferten LNG-Menge. Hier zeigte sich, dass dieser Markt aufgrund der durchschnittlichen Verluste der Lieferanten von 0,6 USD je BTU im Vergleich zu anderen wenig attraktiv war. Die US-Gas-Produzenten hätten selbst bei ungünstiger Außenkonjunktur keine Einbußen, da sie ihr Gas an Wiederverkäufer oder an Verflüssigungsanlagen nach dem Henry-Hub-Preis einschließlich 15 % Logistikzuschuss für den Transport verkaufen, die dann auch für die Exportrisiken haften. Die möglichen Lieferanten nach Europa werden nach den Prognosen Verluste bei minimalen Henry-Hub-Preisen von 3,6 USD/BTU 2020 und sogar bei Verkäufen in der eigenen Region von 8 USD/BTU tragen. Es ist deshalb zu erwarten, dass sie ihre Ware nach Lateinamerika und Asien umleiten.

Bei LNG gibt es noch ein Manko, das bisher von den Fachleuten kaum berücksichtigt wurde. Es geht dabei auch hier um den Umweltschutz. Jürgen Trittin, ehemaliger Umweltminister, hat dieses Problem in einem Interview für die *Süddeutsche Zeitung* von 14. März 2018 erwähnt;

Die USA waren schon gegen jede Pipeline aus Russland oder der Sowjetunion. Jetzt aber geht es um „Americafirst": Europas Gas soll teurer werden. Das käme der amerikanischen Industrie zugute, aber auch dem möglichen Export von US-Flüssiggas. Jede zusätzlich gebaute Pipeline macht das teure Flüssiggas weniger wettbewerbsfähig. Besonders

---

[9] www.fief.ru/img/files/OGJR_6_2017_Orlova.pdf

klimafreundlich ist es allerdings nicht. Der hinterlassene
CO-Abdruck, ist weit größer als beim Pipeline-Gas[10]

Es stellt sich die Frage, wer außer den USA als Lieferant für
LNG infrage kommt? Das wären vor allem für Europa näher
liegende Quellen, wie z. B. Algerien. Abgesehen davon, dass
es hier bereits Traditionen für die Lieferung von Pipelinegas und auch von LNG nach Europa gibt, sind noch große
Vorräte an Schichtengas vorhanden. Die Gesamtkapazität
von LNG-Shipping-Terminals an der Küste dieses Landes
in Skigda und Arzew wird auf 25 bis 33 Mrd. Kubikmeter jährlich geschätzt. Experten meinen, dass es technisch
durchaus möglich wäre, diese Kapazitäten auf das 1,5- bis
2-fache zu erhöhen. Im Moment ist Algerien allerdings
durch seine langfristigen Verträge an Italien, Spanien, Portugal, Marokko und Tunis gebunden und besitzt aktuell
kaum zusätzlichen Möglichkeiten.

Die Importinfrastruktur in Europa stützt sich im Wesentlichen auf Pipeline und Speicheranlagen für die Wiedervergasung von verflüssigtem Erdgas. Mit Stand aus dem Jahre
2014 gibt es 23 Anlagen zur Wiedervergasung mit einer
Kapazität von 200 Mrd. Kubikmeter, die etwa 40 % des
europäischen Gasbedarfes abdecken. Davon stehen 21 in
der EU und 2 Anlagen in der Türkei. Weitere Anlagen sind
in Kroatien, Griechenland, Estland, Irland und Schweden geplant. Eine Vergrößerung der Kapazitäten der vorhandenen Anlagen ist auch in Polen vorgesehen. Europa
sieht jedoch auch künftig in LNG einen Garanten für

---

[10] http://www.sueddeutsche.de/wirtschaft/juergen-trittin-hier-geht-es-nicht-um-
erpressbarkeit-1.3905566

Energiesicherheit. Erstes Ziel ist deshalb nach wie vor der Ausbau der Infrastruktur mit dem Bau von Wiedervergasungsanlagen und zwischenstaatlichen Gasleitungen, damit jedes EU-Land einen Zugang zu LNG erhalten kann. Gasspeicher werden dabei eine ausgleichende Rolle spielen, um die Lieferungen überall auch wirtschaftlich und technisch zu ermöglichen.

Großbritannien begann 1964 als erstes Land in Europa mit dem Import von LNG. Zu den EU-Ländern mit den größten Anlagen zur Wiedervergasung gehörten seit dieser Zeit auch Frankreich und Spanien. Spanien bezieht LNG aus Katar, Nigeria, Ägypten, Oman, Trinidad, Tobago sowie aus Libyen und verfügt über sieben große Anlagen. Das Land hätte die Möglichkeit, Gas durch eine Pipeline bis zur Grenze nach Frankreich zu liefern. Das Projekt der spanisch-französischen Pipeline Midcat für algerisches Pipelinegas und Gas aus spanischen Anlagen für die Verflüssigung in Frankreich wurde allerdings aus ökologischen Gründen vorläufig bis zum Jahre 2019 auf Eis gelegt. Die spanische Energiegesellschaften Union Fenosa AS und Endesa AS sollen bereits Verträge mit den US-Werken Corpus Christi und Sabine Pass für die Lieferungen von LNG haben. Bereits 2013 wurde ein über 25 Jahre laufender Vertrag zwischen Fenosa und der russischen Firma Yamal SPG abgeschlossen. Gemäß diesem Vertrag wird Fenosa ab 2020 jährlich 3,2 Mrd. Kubikmeter LNG – das sind ca. 10 % des spanischen Gesamtverbrauchs – von der russischen Halbinsel Yamal im Hohen Norden bekommen.[11] So

---

[11] https://neftegaz.ru/news/view/115614-Gas-Natural-Fenosa-podpisala-kontrakt-na-pokupku-32-mlrd-m3-SPGgod-u-Yamal-SPG-na-25-let.-Ta-samaya-Fenosa

entwickelt sich Spanien mit seinen Lieferungen nach Japan, Südkorea, Italien und Brasilien allmählich zu einem Knotenpunkt im LNG-Handel. Im Jahr 2014 ging bereits mehr als die Hälfte des Gaswelttransports über dieses Land und wurde von dort an Verbraucher in und außerhalb Europas verteilt.[12]

---

[12] http://www.abc.es/economia/20140414/abci-espana-suministro-europa-ucrania-201404131629.html

24

Russisches LNG – Konkurrenz

Eine Nachricht, die eigentlich so nicht in die Geschichte
des Gasstreites passt, verwunderte selbst die Deutsche Welle
und wurde auch entsprechend hinterfragt: „Eigentlich
wollen US-Firmen Russland aus dem europäischen Erdgas-
Markt drängen. Jetzt wird bekannt, dass russisches Flüssiggas direkt in die USA geliefert wird. Wie passt das zusammen?"[1] Die Beantwortung der Frage ist relativ einfach. Es
ging hier tatsächlich um russisches LNG, das von der französischen Firma Engie bei NOVATEK eingekauft wurde
und schließlich in Amerika landete:[2] zum einem war es
die unerwartete Kälte an der Ostküste der USA und zum
anderem der ursprünglich bereits im Atlantik unterwegs

---

[1] http://www.dw.com/de/verkauft-russland-gas-in-die-usa/a-42081730

[2] http://www.energystate.ru/news/11151.html

© Springer Fachmedien Wiesbaden GmbH,
ein Teil von Springer Nature 2018
O. Nikiforov, G.-E. Hackemesser, *Die Schlacht um Europas Gasmarkt*,
https://doi.org/10.1007/978-3-658-22155-3_24

zu anderen Kunden mit russischem LNG fahrende beladene Tanker Gaselys. So passte das zusammen. Die Wetterkapriolen hatten die Energiepreise kurzfristig in die Höhe getrieben und Amerika musste plötzlich Flüssiggas auf dem Weltmarkt dazu kaufen.

Wie die Deutsche Welle im Zusammenhang mit dem russischen LNG-Handel betont, wickelt vor allem Gazprom immer noch den Großteil des Geschäftes über Pipelines ab. Um diese Rohrleitungen gebe es jedoch aufgrund der Beteiligung mehrere Länder sehr oft Streit. Diese Abhängigkeit versucht Russland zu verringern, indem es – wie andere Gasexporteure auch – auf Flüssiggas setzt (vgl. Abb. 24.1). Besonders engagiert sich hier Russlands zweitgrößter Gasproduzent NOVATEK. Die Deutsche Welle stellt fest, dass es in der Regel für Russland und andere Staaten schwierig sei, in die USA zu exportieren, weil die Preise dort niedrig

Abb. 24.1 Existierende und geplante Standorte von Werken für die Verflüssigung von Erdgas (LNG – Liquified Natural Gas) in Russland. (Quelle: Michail Mitin)

sind und das Land selbst über genug Gas verfügt. Laut Deutscher Welle sei es durchaus gut möglich, dass die Amerikaner auch in Zukunft den einen oder anderen Tanker mit russischen Flüssiggas in Russland kaufen werden. Doch wird es sich immer nur um vergleichsweise geringe Mengen handeln, wie Experten in Moskau einschätzen.

In diesem Zusammenhang sind die weltweiten Veränderungen im Energie-Geschäft interessant. Während der Gastransport durch die Pipelines als regionaler Handel abgewickelt wird, sorgen die Flüssiggastanker dafür, dass sich auch dieses Geschäft zunehmend globalisiert. „Der Konkurrenzkampf wird schärfer. Die Verbraucher wird es freuen, weil es die Preise niedrig hält", meint die Deutsche Welle. In Russland selbst wurde LNG bisher immer nur vom Standpunkt des Wettbewerbes zwischen Pipelinegas und LNG betrachtet. Dazu gibt es dort Auffassungen darüber, dass diese Konkurrenz die Preise verdirbt und der russische Haushalt weniger Einnahmen haben könnte. Noch im Dezember 2017 forderte der russische Präsident Wladimir Putin im Hafen Sabetta auf der Halbinsel Yamal anlässlich der ersten feierlichen Tankerverladung, dass LNG-Export nicht zur Schwächung der russischen Positionen auf dem Pipelinegasmarkt führen darf.[3]

Bisher ging es im Gasbereich in erster Linie über längere Zeiträume bis in die nächsten Jahrzehnte um den Zusammenhang von Bedarf und Preisentwicklung. Angesichts der gegenwärtigen Tendenzen, der geänderten Proportionen zugunsten des LNG und der Nachfrage, die nach der

---

[3] https://www.rbc.ru/politics/08/12/2017/5a2ab3a19a7947a3a556c945

Meinung der BP-Experten in der ganzen Welt um 1,8 % jährlich steigen wird, muss der große Gasexporteuer Russland entsprechend reagieren.[4] Nach der Meinung des Vorsitzenden des Energiekomitees des russischen Parlamentes, Pawel Sawalny, befindet sich der gesamte LNG-Markt heute noch in einer Zone der Unbestimmtheit.[5] Das zeigt sich auch darin, dass sich seit 2012 die Prognosen änderten und sich das frühere Tempo des Wachstums der Nachfrage – wie BP Ouitlock 2018 nachwies – verringerte und das Volumen des LNG-Spot-Handels zurückgegangen ist.

Hinter dieser Entwicklung steht in erster Linie eine oft regional bedingte geringere Nachfrage. Nach der Meinung Sawalnys befindet sich der LNG-Markt deshalb in einer gewissen Stagnationsphase (siehe Abb. 24.2), weil die Hauptverbraucher Japan, China und Korea den Gasimport drosseln. Sicher spielen in diesem Fall verschiedene,

Abb. 24.2 Entwicklung der Produktion von Flüssiggas (LNG) in Russland von 2009 bis 2016. (Quelle: Michail Mitin)

[4] https://www.bp.com/de_de/germany/energie-analysen/energy-outlook.html

[5] http://komitet2-13.km.duma.gov.ru/Novosti-Komiteta/item/10786

eher territoriale und zeitbedingte Faktoren eine Rolle, wie die Verlangsamung des wirtschaftlichen Wachstums in Korea, die Rückkehr zur Energiegewinnung in den japanischen Atomkraftwerken oder aber auch der Übergang zu Röhrengaslieferungen nach China. Diese Feststellungen widerspiegeln aber auch die wirtschaftliche Konjunktur, die insgesamt gleichfalls zu einer Verringerung des Gaserbrauchs in Europa in den Jahren 2012 bis 2014 führten. Es gebe keine Garantie, dass sich das in Zukunft nicht wiederholen könnte. Nach Sawalnys Meinung als Chef der einflussreichen Russischen Gasgesellschaft und dem Energiekomitee des Parlamentes, muss sich der größte russische Gasproduzent und Pipelinelieferant Gazprom wohl oder übel dieser Entwicklung stellen. In einem Gespräch mit dem Autor dieses Buches sagte Sawalny, dass vor den russischen Gasproduzenten immer die Problematik von Nachfrage, Angebot und Preisen im Mittelpunkt des Interesses steht. Dabei geht es in erster Linie um die Entwicklung der Transporttechnologien im Zusammenhang mit der Konkurrenz zwischen LNG und Pipelinegas auf dem europäischen Markt und wie es Russland gelingt, die bisher notwendigen Importe durch eigene Technologien und Zulieferungen abzulösen. Das sei besonders in der Zeit der Sanktionen in vieler Hinsicht entscheidend. Außerdem ist der Export für Europa über russische Pipelines im Vergleich zum LNG-Verkauf wirtschaftlich effektiver und hinsichtlich der Steuereinnahmen für den Staathaushalt besonders wichtig. Dabei spielt es auch eine Rolle, ob die Hauptinvestitionen für die Vorkommen und für die Infrastruktur von Pipelinegas bereits getätigt sind oder sich im Endstadium befinden.

In einem Beitrag für die Zeitschrift *Morwesti* schreibt einer der renommiertesten Experten, Professor der russischen Gubkin-Hochschule für Erdöl und Erdgas, Igor Metscherin, dass das Hauptproblem der weiteren Entwicklung der russischen LNG-Projekte in fehlenden russischen Technologien für die Verflüssigung, der Turbokompressoren und der Wärmeübertrager als Voraussetzung für eine LNG-Produktion ab 5 Mio. Tonnen im Jahr besteht.[6] Doch auch hier hat sich in der Vergangenheit einiges getan. Wie die Gasgesellschaft als Vereinigung der russischen Produzenten am 22. März 2018 berichtet, entwickelte NOVATEK bereits speziell für arktische Bedingungen (Arktische Kaskade) eine eigene Technologie für die Gasverflüssigung auf der Grundlage russischer Ausrüstungen.[7]

„Dennoch sei die LNG-Produktion eine für Russland immer noch schmerzliche Angelegenheit", meint Sawalny.[8] Die Inbetriebnahme des Vorhabens Sachalin 1 – das von Exxon Neftegaz verwaltet wird und zu 20 % Rosneft gehört – steht damit in engem Zusammenhang. Es handelt es sich um das 550 km von Murmansk entfernt liegende misslungene Gazprom-Stockman-Projekt im Zentralteil des Schelfs des russischen Sektors der Barentsee. Ursprünglich waren LNG-Lieferungen dieses auf 3,94 Billionen Kubikmeter geschätzten Vorkommens für die USA vorgesehen. Auf Grund der Schiefergasrevolution wurde das Vorhaben jedoch praktisch eingefroren.

---

[6] http://www.morvesti.ru/tems/detail.php?ID=53362

[7] http://www.gazo.ru/news/5619/

[8] http://komitet2-13.km.duma.gov.ru/Novosti-Komiteta/item/10786

Heute ist die russische LNG-Produktion in erster Linie mit der Halbinsel Yamal im Hohen Norden (Abb. 24.1) und dem unabhängigen Produzenten NOVATEK verbunden. Dieses Projekt konnte jedoch aufgrund von Sanktionen bei der Finanzierung nur mit direkter chinesischer Unterstützung und dem französischen Unternehmen Total realisiert werden, sodass heute 50,1 % der Firma Yamal-LNG zu NOVATEK, jeweils 20 % der chinesischen Firma CNPC und Total sowie 9,9 % der chinesischen Stiftung (silk road fund) gehören.[9] Die mit bis zu 86 % für Lieferungen in die Asiatisch-Pazifische Region bestimmte Produktion begann dort am 8. Dezember 2017. Gegenwärtig plant NOVATEK im Norden von Westsibirien auf der Halbinsel Gydansky im Karsker Meer den Bau von Arktik LNG-2, um sein Angebot noch zu erweitern. Für NOVATEK bringt hier sogar die Klimaänderung Vorteile. Sie sorgte dafür, dass die Eismeer-Route von der LNG-Produktionsstelle auf der Halbinsel Yamal mehr oder weniger frei vom Eis wurde. Um zu jeder Jahreszeit störungsfrei arbeiten zu können, beschloss das Unternehmen die Gründung der eigenen Firma Arktischer Seetransport, um mit Hilfe von Eisbrechern den Seeweg sowohl nach Westen als auch nach Osten für sich immer offen halten zu können. Auch deswegen rechnet der Vorstandsvorsitzende von NOVATEK, Leonid Michelson, in seiner langfristigen Entwicklungsstrategie im Jahr 2035 mit 55 Mio. und mehr Tonnen LNG-Produktion in der Arktis.[10] Allem Anschein nach bemüht sich

---

[9] http://www.NOVATEK.ru/ru/press/releases/

[10] http://sever-press.ru/ekonomika/neft-i-gaz/item/40131-NOVATEK-sozdaet-kompaniyu-morskoj-arkticheskij-transport

NOVATEK um weitere finanziell starke Partner für dieses Transportunternehmen, wie u. a. um die China COSCO SHIPPING Corporation Limited.[11]

Die Moskauer Vygon-Consulting untersuchte in diesem Zusammenhang die LNG-Selbstkosten von NOVATEK im Vergleich mit den Konkurrenten Katar und USA für Lieferungen nach Europa und in den asiatisch-pazifischen Raum Nach diesen Berechnungen betragen die Selbstkosten für Yamal-Gas für Europa 3,83 USD und in den APR 4,5 USD je MBTU. Für Katar wurden Kosten von 3,19 und 2,8, für die USA 6,83 und 8,71, dagegen sowie für Arktik-LNG von NOVATEK 2,98 und 3,65 je MBTU errechnet. Dabei ergeben sich die vergleichsweise niedrigen Selbstkosten für Yamal-LNG aus dem günstigeren Abbaubedingungen, relativ geringen Ausgaben für die Verflüssigung durch eigene Technologien, aber auch aus für den Abbau von Bodenschätzen speziell vorgesehenen Steuererleichterungen und dem Erlass der 30 % hohen Exportgebühr. Nach Meinung der Forschungsdirektorin Maria Belowa sind dazu die Kosten über den nördlichen Seeweg niedriger als die US- und australischen Angebote. Das wiederum würde auch der russischen Energiestrategie bis 2035 dienen. Der Experte Sawalny rechnet damit, dass durch die Erweiterung der LNG-Produktion von 14 auf 74 Mrd. Kubikmeter im Jahr der Export von heutigen 8 bis auf 39 % steigen wird.[12] Über diese geänderte offizielle

---

[11] https://nangs.org/news/business/NOVATEK-i-cosco-shipping-budut-razvivat-sotrudnichestvo-v-sfere-transportirovki-v-arkticheskikh-usloviyakh

[12] https://vygon.consulting/products/issue-860/

Position sprach am 18. Februar 2018 der Stellvertreter des russischen Energieministers, Kirill Molodtsow, im Interview mit der russischen Wirtschaftszeitung *Vedomosti* davon, dass das Energieministerium die russischen Aussichten auf dem Welt-LNG-Markt, der von Katar, Australien und später auch von den USA beherrscht wurde, noch vor einigen Jahren skeptisch betrachtete. Heute schätzen die Beamten des Ministeriums einen möglichen russischen Anteil auf dem Weltmarkt von 15 bis 20 %, abhängig allerdings von der Ressourcenbasis, den technologischen Möglichkeiten und der Nachfrage. Frühere Prognosen aus den Jahren 2013/14 gingen von lediglich 10 % aus.[13] Dafür versucht Russland heute neue LNG-Projekte zu realisieren. Dem ersten 2009 auf der Sachalin realisierten Vorkommen folgten weitere, wie außer dem bekannten Yamal-LNG-Vorkommen entstand Arktik LNG 2 – eine Tochterfirma von NOVATEK – mit der Gesamtkapazität von 18 Mio. Tonnen, die aus 3 Betriebsteilen besteht. Ressourcenbasis ist hier das Vorkommen Utrennee mit sicheren Vorräten von 388,5 Mrd. Kubikmeter auf der Gydansky Halbinsel. Mit einer Kapazität von 9,6 Mio. Tonnen wird auf der Ressourcenbasis Lunsker Vorkommen Sachalin 2 von der Firma Sachalin Energy Erdgas abgebaut. Dieses Unternehmen gehört zu 50 % plus einer Aktie zu Gazprom, 27,5 % minus einer Aktie zu Shell sowie mit 12,5 % zu Mitsui und 10 % zu Mitsubishi. Insgesamt werden in Russland große Anstrengungen unternommen, um für die nächsten Jahre gewappnet zu sein. So zählt

---

[13] https://www.vedomosti.ru/business/characters/2018/02/14/750998-rossiya-spg

das Projekt „Fernöstliche LNG" mit einer Kapazität von
5 Mio. Tonnen und der Möglichkeit auf Verdoppelung
zu den Vorkommen Sachalin 1 Tschaiwo, Odopty und
Arkutun Dagi, die den zum Konsortium „Exon-Neftegas-
Limited" zählenden Unternehmen Exxon Mobil und
Sodeco (Japan) zu je 30 %, Rosneft und ONGC (Indien)
zu je 20 % gehören. Mit den Kumshimsker und Korowins-
ker Vorkommen im Yamalo-Nenezker Autonomen Gebiet
und ihren Gasvorräten von 165 Mrd. Kubikmetern sieht
der russische Konzern Rosneft den Bau des LNG-Petscho-
ra-Werkes mit einer Kapazität von 4 Mio. Tonnen vor.
Gazprom und Shell planen eine baltische LNG-Produkti-
onsstätte im Hafen Ust-Luga des Leningrader Gebiets für
10 Mio. Tonnen mit der Möglichkeit der Erweiterung bis
zu 15 Mio. Tonnen. Als Ressourcenbasis soll Gazprom-
Pipelinegas dienen (Abb. 24.3).[14]

Die weiteren Chancen für russisches LNG auf dem Weltmarkt untersucht Grigorij Vygon in seiner Forschungsarbeit
„Gibt es eine Nische für das russische LNG". Nach Grigorij
Vygon wird Russland bis 2020 seine Positionen in diesem
Sektor dank hohem Niveau der Kontrahierung, der Viel-
falt von Aufträgen und niedrigen Lieferungskosten verbes-
sern. Das betrifft auch die bereits vorhandenen Werke. Als
unbestimmtes Risiko sieht er das globale LNG-Überschuss-
angebot auf dem Markt bis zum Jahr 2025, denn bereits
heute exportieren 19 Länder ihr LNG und 39 verfügen über
eigene Kapazitäten für die Rückvergasung. Es wird erwartet,

---

[14] https://www.pwc.ru/ru/publications/russian-lng-projects.html

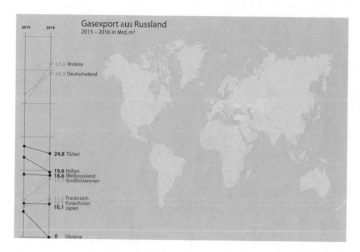

Abb. 24.3 Hauptexportländer für russisches Gas und die Veränderungen des Liefervolumens zwischen 2015 und 2016. (Quelle: Michail Mitin)

dass 2020 die LNG-Kapazitäten 618 Mio. Tonnen (heute 340 Mio. Tonnen) betragen werden. Deswegen ist Vygon bezüglich der Möglichkeiten der Kontrahierung für solche geplanten LNG-Werke wie Arktik Baltik, Petschora, Fernost sowie die dritte Linie von Sachalin, Baltik, Petschora, Fernost sowie von Sachalin 2 eher skeptisch.[15]

---

[15]http://docplayer.ru/68616069-Est-li-nisha-dlya-rossiyskogo-spg.html

25

Drittes Energiepaket der EU

Welche Rolle spielt das Dritte Energiepaket der Europäischen Union für die Verbesserung oder die Verschlechterung der Bedingungen für den Gasabsatz in Europa? Seit Inkrafttreten des Vertrags von Lissabon im Jahr 2009, besitzt der Rat der Europäischen Union einen expliziten energiepolitischen Gestaltungsauftrag. Hierbei zeichnet sich die Problematik ab, dass die Interessen der EU-Kommission vor Mitgliedstaaten kollidieren. Diese wollen natürlich nicht auf rechtlich verankerte nationale Souveränität bei der Gestaltung des Energiemixes verzichten. Eigentlich wurde das Dritte Energiepaket vom Europäischen Parlament beschlossen und mit der Novellierung des Energiewirtschaftsgesetzes im August 2011 in Kraft gesetzt, um die Strom- und Gasmärkte zu liberalisieren und die Verbraucherrechte zu stärken. Zu seinen vor allem für die Lieferanten wichtigen

© Springer Fachmedien Wiesbaden GmbH,
ein Teil von Springer Nature 2018
O. Nikiforov, G.-E. Hackemesser, *Die Schlacht um Europas Gasmarkt*,
https://doi.org/10.1007/978-3-658-22155-3_25

Zielstellungen zählen die angestrebte Trennung des Netz-
betriebes, Erdgasförderung und Verkauf. Das bedeutet für
Gazprom als vertikalintegriertes Unternehmen, seine Tätigkeit auf diesen Gebieten an die eigenständigen, formal mit
Gazprom nicht gebundenen Firmen zu übergeben.

Eine äußerst wichtige Rolle sollte die Trennung zwischen
Erdgasförderung, Netzbetrieb und Gasversorger spielen,
indem sie eine eigentumsrechtliche Entflechtung für solche
Lieferanten wie Gazprom herbeiführt, die natürlich auf
maximalen Profit aufgrund einer angestrebten Monopolstellung auf dem europäischen Markt orientiert sind. Interessant ist, dass die Streitpunkte zwischen Russland und
der EU durch die Realisierung des Dritten Energiepakets
und der damit verbundenen Verschlechterung der bilateralen Beziehungen schon lange vor der Krise um die Ukraine
zur Debatte standen. Darüber schreibt Sergej Prawosudow
in seinem Buch *Erdöl und Erdgas. Geld und Macht* mit der
Berufung auf den Präsidenten des russischen Institutes für
Energetik und Finanzen, Wladimir Feigin, dass „zu einer
der Schlüsselprobleme der Anwendung des Dritten Energiepaketes die Ignorierung der Normen des internationalen Rechtes gehört" (S. 237), „das internationale Recht
gibt die Prioritäten den zwischenstaatlichen Verträgen vor
der nationalen Gesetzgebung. Die Zusammenarbeit von
Gazprom mit den EU-Mitgliedern basiert auf den zwischenstaatlichen Verträgen".

Dabei darf nicht übersehen werden, dass die Regulierung des EU-Binnenmarktpaketes nur ein Instrument der
Kommission ist, um die Marktmacht von Gazprom zu
beschneiden (vgl. Abb. 25.1), auch wenn dieses Ziel öffent-
lich nicht so direkt deklariert wird. Immerhin registriert

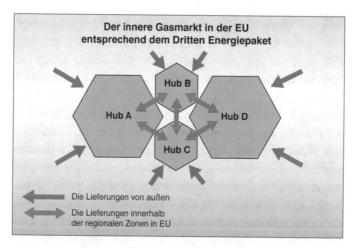

Abb. 25.1 Regulierung des europäischen Gasmarkts nach dem Dritten Energiepaket. (Quelle: Michail Mitin)

Dr. Kirsten Westphal aus der Berliner Stiftung Wissenschaft und Politik in einem Bericht, dass im Zusammenhang mit der notwendigen Versorgungssicherheit – auch aus politischen Motiven – regulatorisch immer wieder nachjustiert wurde.[1]

Gegenwärtig bildet die Krise um die Ukraine möglicherweise die entscheidende Chance für eine Neugestaltung. Die EU-Kommission befürwortet im Gegensatz zu Russland weiterhin einen Transit durch die Ukraine. Seit der Verabschiedung der ersten Richtlinie von 1998 (98/30/EC), des Zweiten (2003/55/EC) und des 2011 in Kraft getretenen Dritten Binnenmarktpaketes (2009/73/EC), befinden

---

[1] http://www.laender-nalysen.de/russland/pdf/RusslandAnalysen305.pdf.

sich die Gasmärkte in der Europäischen Union in einem tief greifenden Wandel: Das bisherige Modell eines staatlich dominierten, auf regional monopolisierten festen Lieferbeziehungen und auf vertikalintegrierten Gasunternehmen basierenden nationalen Gasmarktes mit einer Preisbildung in Anlehnung an andere Energieformen, wie z. B. an Heizöl, wurde durch das Leitbild eines voll integrierten Wettbewerbsmarkts abgelöst. Der heutige EU-Binnenmarkt ist durch seine geografisch und geologisch bedingte zunehmende Importabhängigkeit auf wenige große Gasexporteure angewiesen. Sie wiederum haben – abhängig von ihren Kapazitäten – eine eigene grenzüberschreitende Gasinfrastruktur aufgebaut, die von großen Importprojekten getragen und über langfristige Verträge ökonomisch abgesichert sind. Vom Standpunkt der EU-Kommission aus passten die traditionellen, in einigen Fällen an Destinationsklauseln für den jeweiligen Markt gebundenen Handelsmodelle mit Verträgen für 15 bis 30 Jahre und der Übernahme der Gasmengen an der Grenze nicht länger zum geforderten liberalisierten Erdgasmarkt.

An den Ölpreis gebundene Langzeitverträge mit einer Vorhalteverpflichtung für den Lieferanten und einer Mindestabnahme für den Importeur von traditionell 75 bis 85 % – einer auch bei Nichtabnahme zu bezahlenden – vereinbarten Menge, boten absolut weder Handelsspielraum noch Anreiz für eine Diversifizierung. Also veränderte die EU-Kommission die Rahmenbedingungen für kurzfristige Transaktionen und den Gas-gegen-Gas-Wettbewerb und begann mit der Überprüfung der Langfristverträge auf Rechtlichkeit.

Russland geht von der Feststellung des damaligen Ministerpräsidenten Wladimir Putin aus dem Jahr 2011 aus, dass
zum Ziel des Dritten Energiepakets auch eine Preissenkung
für Importgas gehört. Das betrifft sowohl die Preisbildung als
auch die Transportbedingungen, weil nach seiner Meinung
das Gasgeschäft sehr spezifisch und mit dem Gaslieferanten
eng verbunden ist.[2] Im Prinzip ist das richtig, wenn wir vor
allem das Pipelinegasgeschäft in Betracht ziehen. Es erklärt
vom russischen Standpunkt aus, warum neben den langfristigen Verträgen auch die vertikale Integration von Firmen
und der Zugang zu den Gasnetzen in den Mittelpunkt der
geplanten Veränderungen gerieten. Nach Auffassung der
EU-Kommission sollte ein Zugang für Dritte ermöglicht
werden, um durch mehr Wettbewerb die Markteintritts-
chancen zu erhöhen. Dazu müssen ähnlich wie bei der Tele-
komunikation und der Stromversorgung die Gasnetze aus
den Unternehmen herausgelöst und die Teilbereiche Förderung, Import und Zwischenhandel getrennt und unabhängigen Netzbetreibern zugeordnet werden.

Für die Durchsetzung eines freien Netzzugangs
und die Überwachung der Entgelte sind nationale
Regulierungsbehörden verantwortlich. So erfolgten im
Zuge des angestrebten liberalisierten Marktes eine ganze
Reihe von Untersuchungen, die wiederum Verstoß- und
Kartellverfahren zur Folge hatten. Bereits im September
2011 durchsuchten EU-Beamte Büros von Erdgasfirmen
in mehreren EU-Ländern. Berichten zufolge fahndeten
sie auch bei den deutschen Energiekonzernen RWE und

---

[2] https://ria.ru/economy/20111017/462657665.html

E.ON Ruhrgas und ihren mittel- und osteuropäischen
Töchterfirmen gezielt nach Gasliefervertragen, weil es in
der Vergangenheit durchaus üblich gewesen sei, dass der
Staatskonzern Gazprom problematische Konditionen in
die Verträge diktiert habe. Die EU-Kommission verdächtigt
Gazprom dabei des unfairen Wettbewerbs und eröffnete ein
Kartellverfahren. Die Behörde sieht Anhaltspunkte dafür,
dass das Unternehmen den Transport von Gas in die EU
behindert und den Markt abschottet. Für die Gasmärkte
in Mittel- und Osteuropa bedeutete das einen Bruch der
EU-Wettbewerbsregeln, erklärte die Kommission. Sie
wirft Gazprom auch vor, von seinen Kunden zu hohe
Preise verlangt zu haben.[3] Zu den auf Anweisung der
EU-Kommission am 27. September 2011 durchsuchten
Büros mehrerer europäischer Gasunternehmen gehörte
auch Gazprom Germania.[4]

Der Fall Gazprom steht bei den Behörden als Problem-
beispiel für die geforderte EU-Energiesicherheit auf der
Tagesordnung. Aufgrund der aktuellen Situation änderten sich für alle bisher aktiven Gasanbieter das regulato-
rische Umfeld und ihre Geschäftsgrundlagen. Doch an
dieser Stelle sei ein Blick zurück gestattet. Im Unterschied
zu Norwegen und Algerien, deren Exporte über drei Pipelines zumeist direkt in ihrem Hauptabsatzmarkt anlanden,
musste sich Gazprom nach Auflösung der Sowjetunion und
des Rates für gegenseitige Wirtschaftshilfe (RGW) auf den

---

[3] http://www.spiegel.de/wirtschaft/soziales/eu-eroeffnet-kartellverfahren-gegen-gazprom-a-853946.html

[4] https://www.energate-messenger.de/news/116783/EU-untersucht-wettbe-werbswidriges-Verhalten-in-Gasmärkten

Transit durch mehrere Länder stützen, um seine Verpflichtungen, z. B. gegenüber den deutschen Vertragspartnern, erfüllen zu können. Darüber hinaus bestehen für das russische Staatsunternehmen noch eine ganze Reihe bis über 2025 hinausreichender Langzeitverträge.[5]

Da mit dem Dritten Binnenmarktpaket die Transportkapazitäten in den Netzen nur auf der Grundlage veröffentlichter Tarife diskriminierungsfrei vergeben und ein Teil der Kapazitäten nur noch zeitlich und mengenmäßig begrenzt gebucht werden kann, fürchtete Gazprom, gerade diese Langzeitlieferverträge nicht erfüllen zu können. Die jetzigen Vorgaben für den Erdgashandel sind in sogenannten Netzcodes festgelegt, die unter anderem die Abstimmung zwischen den Betreibern an den Grenzübergangspunkten und die Vergabe von Transportkapazitäten sowie den Umgang mit Engpässen regeln sollen. Dabei geht es in der am 1. November 2015 in Kraft getretenen Verordnung auch um notwendige Übergangsfristen und den Schutz bestehender Lieferungs- und Transportverträge. Bis zu 80 % der verfügbaren Kapazität dürfen demnach wie bisher auf 15 Jahre langfristig gebucht werden. Ausnahmeregelungen die Kommission gelten für den Fall, dass Versorgungssicherheit und Wettbewerb gestärkt werden. Neben diesen rechtlichen Bedingungen hat sich aber auch die politische Situation verändert, die wiederum Einfluss auf die Gesamtsituation auf dem Gasgebiet nehmen kann, wie Gegenwart und Vergangenheit beweisen.

---

[5] http://www.laender-analysen.de/russland/pdf/RusslandAnalysen305.pdf

In Westeuropa basierten die Erdgas-Röhren-Geschäfte auf langfristigen Verträgen, die zu einer wechselseitigen wirtschaftlichen Abhängigkeit führten und damit zu einer Säule der Entspannungspolitik der frühen 1970er-Jahre im Ost-West-Konflikt wurden. Durch die historisch und geografisch bedingte marktbeherrschende Stellung von Gazprom und die russisch-ukrainischen Transitkrisen 2006 und 2009 rückte die Abhängigkeit vom russischem Erdgas und die politische Wahrnehmung der Lieferbeziehungen auf dem erweiterten EU-Gasmarkt in den Mittelpunkt. Schon bei der Diskussion um die konkrete Ausgestaltung des Dritten Binnenmarktpaketes und die Umsetzung der Entflechtung geriet Gazprom ins Zentrum des allgemeinen Interesses.

Was bedeutet heute Energiesicherheit? Während die EU eine sichere, stabile und bezahlbare Versorgung zu vertretbaren politischen Kosten anstrebt, sucht Russland politische Kontrolle, Gewinnmaximierung, eine möglichst exakte Nachfragevorausschau und einen planbaren Absatz. Die Generaldirektion Wettbewerb der EU-Kommission veröffentlichte bereits am 22. April 2015 Ergebnisse ihrer Untersuchungen aus den letzten drei Jahren, demzufolge verhinderte Gazprom den Wettbewerb und nutzte in acht mittel- und osteuropäischen Mitgliedstaaten der EU seine Marktmacht mit über 50 und bis zu 100 % Anteil aus.[6]

Der Vorwurf lautete, Gazprom missachte die Wettbewerbsregeln durch gezielte Abschottung und unfaire Preispolitik, außerdem würde das Unternehmen die

---

[6] http://europa.eu/rapid/press-release_IP-15-4828_de.htm

Gaslieferungen mit Infrastrukturentscheidungen verknüpfen. In den Mitgliedstaaten Bulgarien, Tschechische Republik, Estland, Ungarn, Lettland Litauen, Polen und der Slowakei wurden demnach Lieferverträge mit territorialen Restriktionen, Destinations- oder Exportverbotsklauseln ergänzt. Somit wurde verhindert, dass russisches Gas über Grenzen weiter gehandelt werden konnte, wodurch die Großhändler auf Preisdifferenzen hätten reagieren können. In manchen Fällen lag ein unfaires Preisniveau vor und mit über 40 % unverhältnismäßig über den allgemeinen Orientierungswerten bei den Produktions- und Transportkosten. Entsprechende Hinweise fand die Kommission in Bulgarien, Estland, Lettland, Litauen und Polen. Gaslieferungen wurden außerdem in Bulgarien von der Teilnahme des Importeurs und Händlers bei der South-Stream-Pipeline und in Polen von der Kontrolle über Investitionsentscheidungen bei der Jamal-Europa-Pipeline abhängig gemacht. Über die zahlreichen Vorwürfe in der kartellrechtlichen Untersuchung wurden die betroffenen Unternehmen oft nur formell in Kenntnis gesetzt, weil es keine rechtlich verbindlichen Fristen über den Abschluss des Prozesses gibt. Ein Ende hängt deshalb mit den Vorschlägen und den Kompromissangeboten der betroffenen Unternehmen eng zusammen.

Wie Gazprom auf das Inkrafttreten des Dritten Energiepakets offiziell reagiert, kommentierte Sergej Prawosudow. Bereits Ende 2011 hätte der Leiter des Gazprom-Departements für die Außenwirtschaftstätigkeit, Pavel Oderov, festgestellt, dass das Dritte Energiepaket im Rahmen der Maßnahmen für die strukturelle Reformierung der vertikalintegrierten Firmen, den Gastransport von der konkurrenzfähigen Produktion und den Verkauf trennen würde. Das Dritte Paket enthalte nach der Meinung von Pavel Oderov eine Reihe von Lücken und Unklarheiten, wie z. B. die Missachtung internationaler Rechtsnormen, auf den die langjährige Zusammenarbeit von Gazprom mit den europäischen Ländern beruhe. Der Autor deutet – wie auch Gazprom – die Forderung der EU-Kommission nach Reformen der vertikalintegrierten Firmen nicht als vollen Verzicht auf die Gastransportsysteme. So wäre es auch möglich, die Anlagen unter strenger Kontrolle seitens der EU-Behörden in die Verwaltung unabhängiger Firmen unter Beibehaltung der Eigentumsrechte ohne die Möglichkeit selbständiger Investitionen zu übergeben. Das hätte allerdings Auswirkungen auf die Entwicklung der Gasinfrastruktur und die Gründung eines einheitlichen Transportsystems.

Die Frage nach der Weiterentwicklung des Dritten Energiepaketes versucht der NG-Energy-Autor aus der Gubkin Hochschule, Dr. Andrey Konoplyanik, in seinem Artikel „EU-Cordon sanitaire" auf dem Weg der Kohlenwasserstoffe, zu beantworten.[7] Er sagt, dass das EU-Direktorat für Energie eine Ausschreibung zur Erforschung des Systems der Regelung des europäischen Gasmarktes (Study on Quo vadis gasmarket regulatory framework, Sep. 2016) organisiert hat. Ziel dieser Analyse ist die Untersuchung der Effektivität der bestehenden Regelung des Gassektors für den allgemeinen Wohlstand oder die Notwendigkeit ihrer Korrektur. Nach Auffassung von Dr. Konoplyanik besteht

---

[7] http://www.ng.ru/ng_energiya/2017-10-10/9_7091_kordon.html

der Sinn des Dritten Energiepaketes in der Schaffung eines einheitlichen Gasmarktes auf dem EU-Territorium. Dieser Markt ist in Zonen aufgeteilt, die nach dem Prinzip der kommunizierenden Bereiche durch innere Gasleitungen verbunden sind. Die Gasmärkte (commody) und Transportkapazitäten (capacity) entstanden im Rahmen des Zweiten Energiepakets. Die Tarife für den Gastransport werden dabei nach dem Prinzip „Eingang-Ausgang" gebildet. Nach Dr. Konoplyanik ist diese Methode die radikale Abkehr vom historischen Prinzip des Verkaufs, der seit den 1960er-Jahren des vorigen Jahrhunderts gültig war, wo das Gas an den Punkten der Übergabe-Übernahme, also an der jeweiligen Staatsgrenze, mit Preisen nach der sogenannten Groningener Formel gehandelt wurde. Die neuen Modelle des Dritten Energiepaketes könnten russisches Gas in der Europäischen Union durch US-LNG ersetzen und zur Verdrängung des Verkaufs an der russisch-ukrainischen oder russisch-weißrussischen Grenze führen.

In diesem Zusammenhang ist es zu verstehen, dass Gazprom entsprechende Gegenmaßnahmen vorbereitet. So wurde beschlossen, die Organisation des gesamten Exportbereichs, einschließlich des Marketings und des Verkaufs, zu verändern. Im Laufe von zwei Jahren soll deshalb in zwei Schritten ein einheitlicher Bereich für diese Aufgaben gebildet werden. In der ersten Etappe werden die Aktivitäten der hundertprozentigen Tochtergesellschaft Gazprom-Germania GmbH/Berlin zusammengefasst. Zu ihrem Kerngeschäft gehört der Erdgas-Verkauf aus russischen und zentralasiatischen Vorkommen in Deutschland sowie in West- und Osteuropa. Weitere Schwerpunkte nimmt sie als Bindeglied zwischen beiden Ländern in der Förderung und

Lagerung sowie in der Organisation des Erdgashandels wahr. In der zweiten Etappe soll dann das Unternehmen mit dem Bereich Gazprom-Export vereinigt werden.

Die reibungslose Reorganisierung ist deshalb so wichtig, weil Gazprom-Germania aus mehreren Firmen besteht, die in Deutschland, in der Schweiz, in Tschechien, Großbritannien und in der Türkei registriert sind. Die gegenwärtigen Maßnahmen, wie z. B. die Strukturveränderungen durch die Übertragung eines Teiles des Vermögens, senken natürlich die zu erwartenden Gerichtsrisiken. Gleichzeitig führt die EU-Kommission ein Antimonopolverfahren gegen Gazprom, gegen das sich der Konzern – möglicherweise sogar auch mit gewissen Erfolgsaussichten – mit gleichzeitigen Verhandlungen zur Wehr setzt. Immerhin stehen bereits seit mehreren Jahren, seit September 2012, die Geschäftspraktiken und der Missbrauch der dominierenden Marktposition des Konzerns in einigen ost- und südeuropäischen Ländern im Mittelpunkt der Untersuchungen. Konkret zu diesen Vorwürfen äußert sich die Online-ausgabe der *Frankfurter Allgemeinen Zeitung*. So prüft die Kommission, ob Gazprom einige Länder beeinflusst, russisches Erdgas weiter zu verkaufen und den verlangten Gaspreis gelegentlich von der Zusammenarbeit in anderen Geschäftsbereichen abhängig macht. Außerdem steht der Verdacht im Raum, dass der Konzern versucht, den geforderten Erdgaserlös an den Ölpreis zu koppeln.[8] Gazprom drohen dafür Strafen in Höhe von 10 % des Umsatzes und

---

[8] http://www.faz.net/aktuell/wirtschaft/wirtschaftspolitik/eu-geht-gegen-gasprom-vor-13549798.html

weitere Gerichtsverfahren von Verbrauchern zur Anwendung der Bedingungen Take-or-Pay bezüglich der Preise und des Umfanges der Gaslieferungen.[9]

Die gegenwärtigen Maßnahmen, wie z. B. die Strukturveränderungen durch die Übertragung eines Teiles des Vermögens, z. B. im Zusammenhang mit Gazprom-Germania und Gazprom Export, senken natürlich die zu erwartenden Gerichtsrisiken. Die reibungslose Reorganisierung ist auch deshalb so wichtig, weil Gazprom-Germania aus mehreren Firmen besteht, die in Deutschland, in der Schweiz, in Tschechien, Großbritannien und in der Türkei registriert sind. Es ist auch bekannt, dass Gazprom seit 2010 seine gesamte Exportorganisationen erneuert. Zu diesem Thema sagte der Stellvertreter des Gazprom-Vorstandes, Alexander Medwedew, dass sein Unternehmen versucht, redundante Verbindungen aus dem Gasverkauf auf den Außenmärkten zu beseitigen.[10]

Die Forderungen aus dem Dritten Energiepaket könnten Gazprom allerdings zwingen, nach 2020 die Bedingungen für den Gasaustausch mit anderen Produzenten, wie z. B. mit Rosneft, sowie für andere mögliche Gaskäufe auf dem Binnenmarkt zu ändern, um die Vorwürfe der EU-Kommission zu beseitigen und so sein Ansehen in Europa zu festigen. Ende Mai 2018 legten dann die EU-Kommission und Gazprom ihren jahrelangen Streit um möglicherweise unfaire Geschäftspraktiken des russischen Konzerns

---

[9] http://www.forbes.ru/biznes/362089-horoshee-povedenie-gazprom-izbezhal-milliardnogo-shtrafa-po-antimonopolnomu-delu

[10] https://teknoblog.ru/tag/82.

in Osteuropa gütlich bei. Das heißt, auch die Einstellung der kartellrechtlichen Untersuchungen gegen Gazprom. Gazprom müsse fortan eine Reihe von Zusagen erfüllen, mit denen die wettbewerbsrechtlichen Bedenken ausgeräumt würden, teilte die Brüsseler Behörde mit. Das Unternehmen dürfte damit um eine Milliardenstrafe herumkommen. Gazprom begrüßte die Entscheidung. Der Fall hatte angesichts aktueller Spannungen mit Russland auch eine politische Bedeutung. In Einzelfällen ging es in erster Linie um die marktbeherrschende Stellung des russischen Staatskonzerns als Lieferant für die drei Baltenstaaten Estland, Lettland und Litauen sowie für Polen, Tschechien, die Slowakei, Ungarn und Bulgarien. Die EU-Kommission hatte Gazprom 2015 vorgeworfen, mit seiner Gesamtstrategie zur Abschottung dieser Gasmärkte gegen EU-Kartellvorschriften zu verstoßen.

Natürlich ist eine große Zahl der EU-Länder in der Energieversorgung von Russland mehr oder weniger abhängig. Moskau hingegen warf dagegen der EU vor, mit politischen Mitteln die Energiemacht von Gazprom brechen zu wollen. EU-Kommissarin Margrethe Vestager musste sich in der Vergangenheit die Frage gefallen lassen, ob sie in Zeiten politischer Spannungen Russland möglicherweise zu weit entgegen kommen wolle. „In diesem Fall geht es nicht um Russland, es geht um europäische Verbraucher und Unternehmen", sagte Vestager.[11] Selbst wenn man politische Effekte hätte in Betracht ziehen wollen – die

---

[11] http://www.spiegel.de/wirtschaft/unternehmen/gazprom-einigt-sich-mit-eu-kommission-in-wettbewerbsstreit-a-1209261.html

wettbewerbsrechtlichen Fälle müssten immer auch vor europäischen Gerichten Bestand haben. „Der heutige Beschluss beseitigt die von Gazprom errichteten Hindernisse, die der freien Lieferung von Erdgas in Mittel- und Osteuropa im Wege stehen", sagte Vestager weiter. Bürger und Unternehmen können damit auf niedrigere Preise hoffen. „Die Sache ist damit aber noch nicht erledigt – heute beginnt lediglich die Durchsetzung der Gazprom auferlegten Verpflichtungen."

Im Einzelnen muss Gazprom nun vertragliche Hindernisse für den freien Gashandel zwischen den betroffenen Staaten ausräumen. Die Behörde hatte dem Unternehmen zuvor vorgeworfen, Großhändlern und Kunden verboten zu haben, erworbenes Erdgas in andere Länder weiterzuverkaufen. Damit habe Gazprom die Preise in die Höhe treiben können – auch für Endkunden. Derartige Klauseln sollen nun abgeschafft werden. Außerdem soll Gazprom-Kunden ein Instrument an die Hand gegeben werden, mit dem sie kontrollieren können, dass die verlangten Gaspreise dem Preisniveau auf westeuropäischen Gasmärkten entsprechen. Der Konzern selbst begrüßte den Beschluss der Brüsseler Behörde. „Wir glauben, dass die heutige Entscheidung das vernünftigste Ergebnis für ein gutes Funktionieren des gesamten europäischen Gasmarkts ist", sagte Gazprom-Vize Alexander Medwedew in St. Petersburg.[12]

Litauen zeigte sich hingegen enttäuscht über die Entscheidung der EU-Kommission. „Es ist bedauerlich, dass eine solche Entscheidung getroffen wurde", sagte

---

[12] https://www.vedomosti.ru/business/articles/2018/05/24/770590-gazprom-i-es.

Regierungschef Saulius Skvernelis in Vilnius. Dennoch sei sie ein Schritt nach vorne, da Gazprom nun transparent und nach den allgemein anerkannten Marktregeln operieren müsse.[13] Das EU-Verfahren ging vorwiegend auf eine Beschwerde der Regierung in Vilnius zurück, die mit Gazprom selbst auch um die Öffnung des lange von dem Konzern dominierten Energiemarktes in Litauen stritt. Der Baltenstaat hatte Gazprom dabei vergeblich vor einem Schiedsgericht in Stockholm auf Schadenersatz in Milliardenhöhe verklagt. Falls der Konzern einer der Verpflichtungen nicht nachkommt, kann die EU-Kommission jedoch immer noch Milliardenstrafen verhängen.[14]

Die Meinung der russischen Seite zu diesem Kompromiss vertritt Aleksej Griwatsch, Stellvertreter des Direktors der Stiftung der nationalen Energiesicherheit, der sagt, dass die EU-Kommission keine andere Alternative hatte. Sie konnte keine überzeugenden Beweise für die Verletzung der EU-Antimonopolgesetze durch Gazprom finden. Alexander Kornilow, Analytiker der Moskauer Investmentfirma „ATON", erinnert daran, dass Gazprom in den letzten Jahren versucht, seine Preise an den Gas-Hub zu binden und auf diese Weise entgegen den Wünschen der osteuropäischen Partner handelt. Nur ein Drittel der verkauften Gasvolumen wird mit der Anknüpfung an den Ölpreis abgestzt.[15]

---

[13] https://ru.sputniknews.lt/society/20180524/6087598/premer-lithuania-ostalsya-nedovolen-resheniem-ek-po-sely-gazproma.html.

[14] https://www.rtl.de/cms/eu-wettbewerbshueter-und-gazprom-einigen-sich-in-streit-4167115.html.

[15] http://www.energystate.ru/news/11856.html

26

Resümee

Angesichts eines global immer noch wachsenden Energiebedarfs, ansteigender Treibhausgasemissionen und zunehmender Preisschwankungen bei energetischen Rohstoffen,
stehen nicht nur nationale Energiesysteme unter einem
verstärkten Transformationsdruck. Das stellt die Berliner
Stiftung „Wissenschaft und Politik" im Ergebnis umfangreicher Untersuchungen fest und meint, dass aufgrund
stetig wachsender Interdependenzen, Energie auch mehr
und mehr zu einem prominenten Gegenstand internationaler Politik wird. Traditionell stehen dabei Fragen der
Versorgungssicherheit im Vordergrund. Nachhaltigkeit
und Wettbewerbsfähigkeit der Energieversorgung gewinnen zunehmend an Gewicht. Während die Energiepolitik
in der Europäischen Union mit der Verabschiedung des
Dritten Energiebinnenmarktpakets schrittweise in einen

© Springer Fachmedien Wiesbaden GmbH,
ein Teil von Springer Nature 2018
O. Nikiforov, G.-E. Hackemesser, *Die Schlacht um Europas Gasmarkt*,
https://doi.org/10.1007/978-3-658-22155-3_26

kohärenten Regulierungsrahmen überführt wird, ist die institutionelle Landschaft zur Gestaltung und Steuerung globaler Energiebeziehungen immer noch durch einen hohen Grad der Fragmentierung gekennzeichnet.

Erdgas als wichtigster Energieträger spielt heute als Energieträger für viele Länder der Welt eine herausragende Rolle. Einerseits ist es sehr benutzerfreundlich zu handhaben, andererseits bietet es eine gute Ergänzung für die Anwendung alternativer Energien. Sowohl eine funktionierende Wirtschaft als auch die Bevölkerung kann auf diesen Energieträger nicht verzichten. Riesige Vorräte von traditionellen und nicht traditionellen Gas, wie z. B. Schiefergas und Hydrate, aber auch moderne Transporttechnologien durch Pipeline oder als Flüssiggas per Schiff, kommen den ständig wachsenden Ansprüchen entgegen. Besonders Europa mit seiner hochentwickelten Industrie könnte kaum auf Erdgas verzichten: Nach Angaben der IEA lag in den europäischen OECD-Ländern 2016 der Gasverbrauch bei 51,5 Mrd. Kubikmetern und wuchs damit im Vergleich zu 2015 um 6,8 % an. Unterschiedlich steigende Anforderungen in den einzelnen Ländern ergeben sich zu einem Großteil aus der Verfügbarkeit anderer natürlichen Ressourcen für die Energieerzeugung und aus der jeweiligen Struktur und Entwicklung der Volkswirtschaft. Doch bei all diesen wirtschaftlichen Gesichtspunkten darf ein wichtiger Aspekt nicht vergessen werden, dessen Bedeutung weit über den aktuellen Wert von Gas hinausreicht. Gerade die Fragen der Energieversorgung berühren heute mehr als gestern die Problematik der politischen Sicherheit und der Kräfteverhältnisse in der Welt. Jüngste Beispiele im Ukrainekonflikt und Auseinandersetzungen im Nahen Osten stehen immer mehr im Brennpunkt politischer, leider auch kriegerischer, Auseinandersetzungen. Gewalt und Kriege, aber eben auch wirtschaftliche Sanktionen verschiedenster Art und Weise auf dem Gebiet der Gasversorgung gefährden die allgemeine Sicherheit und den Frieden.

Der Weg zu einer erfolgreichen Energiewende und die Komplexität ihrer Realisierung spiegeln sich in sehr zahlreichen internationalen Forschungsergebnissen wider, die manchmal zu kontroversen Auseinandersetzungen führen. So gibt es gerade in Deutschland zahlreiche Studien, die das Für und Wider von Erdgas in der Energieversorgung im Land selbst und in ganz Europa behandeln. In einem gibt es aber Einvernehmen: Für eine Energiewende mit dem Gebot ausschließlich erneuerbare Energiequellen zu verwenden, sind noch sehr viele Hürden zu überwinden. Neben des Problems der niedrigen Energiedichte bei alternativen Energiequellen sind gegenwärtig noch unzureichende Energiespeicher, fehlende Kapazitäten und Netzprobleme in einer noch weitgehend zentralisierten Energieversorgung, die eigentlich längst dezentralisiert sein müsste, zu lösen. Auch aus diesem Grund bietet Erdgas für eine überschaubare Zukunft als mögliche sichere Versorgung eine hochwichtige Alternative. Dazu stehen eine ganze Reihe unterschiedlicher Möglichkeiten für die Gasversorgung Europas per Pipeline als auch in verflüssigter Form als LNG zur Verfügung. Länder wie Russland und Katar sind dabei wichtige Lieferanten. Aus Russland erhält Europa Gas überwiegend durch Pipelines. Im Zusammenhang mit den Veränderungen in der postsowjetischen Zeit zeigen sich hier – wie im Teil „Ukrainische Sackgasse" nachzulesen ist – sehr komplizierte Probleme. Wie an diesem Beispiel erläutert ist, spielen gerade heute die Fragen der politischen Sicherheit und der Kräfteverhältnisse in der Welt in der Versorgung mit Energie eine besondere Rolle, weil sie zu Sanktionen der verschiedensten Art führen und die Sicherheit der Menschen und auch die allgemeine Energieversorgung auf das ernsthafteste gefährden.

Im Text wurden unterschiedliche Varianten für eine Entwicklung der europäischen Gasversorgung und ihre Perspektiven dargelegt. Dabei standen nicht nur die Quellen und technischen Probleme, die Versorgung mit Pipelinegas aus Russland, der Kaspischen und Mittelmeerregion, dem Nahen Osten und Afrika und der LNG-Lieferungen aus Katar, USA und Russland im Mittelpunkt. Im Grunde genommen geht es uns um marktgerechte Bedingungen für die zukünftigen Lieferanten ohne jegliche politische Beschränkungen, die eine stabile und sichere Gasversorgung für Europa garantieren können. Das gemeinsame Miteinander würde viele Probleme des menschlichen Daseins erfolgreich und dauerhaft lösen können.

Printed in the United States
By Bookmasters